JN135807

統計学

藤井良宜

（三訂版）統計学（'19）

装丁・ブックデザイン：畑中　猛

s-30

はじめに

情報通信技術や自動測定機器の開発によって，さまざまなデータがデジタル化され，大量に蓄積されてきています。そのため，これらのデータを分析して，その中から新たな知識を創造できる力が必要となってきています。そのときにもっとも有効な手段が統計的方法となります。これからの社会においては，統計的手法を使いこなせる人材や統計的な結果を理解できる人材が必要になってきているといっても言い過ぎではないでしょう。

統計解析に関しても大きく環境が変化してきております。統計ソフトウエアの充実によって，平均や分散といった分布の指標の計算から統計的な推定や検定に必要となる統計量の計算やその分布の計算もボタン１つで計算されるようになり，計算そのものを細かく理解する必要はなくなってきつつあります。その一方で，統計的な解析手法はどんどんと高度化して，複雑な解析も行われるように変わってきています。これまで難しかった大量のデータでの計算も可能となってきていますし，多くの計算量を必要とする手法でさえも簡単に計算できるようになってきています。

そのような中で，統計学の学習方法も大きく変わってきています。統計ソフトウエアを用いることで，さまざまな分析方法が可能となっているのですが，それを使いこなせることが重要になってきているのです。といいましても，統計ソフトウエアそのものの使い方が重要というわけではありません。データに対する見方や目的に応じて適切な統計手法を選択できることや解析結果を見てその結果を解釈できるような力が求められているのです。2017 年に改訂された小中学校の学習指導要領においても統計教育の内容が充実され，統計的問題解決を身に付けることが目標とされています。

この本では，統計学でよく用いられる統計手法を中心に，統計的な考え方やそれぞれの統計手法の特徴について説明しています。これらの特徴をしっかりマスターし，現実の問題を解決する際に，統計的手法を使いこなせるよう学習を進めてほしいと考えております。

2019 年 3 月
藤井良宜

目 次

1　データの記述とデータのバラツキのモデル化

《目標＆ポイント》　この章では，この本全体の概要を説明します。特に，統計的解析の中で用いられるモデルを，確率分布モデルと統計モデルとに区別して考えています。確率分布モデルと統計モデルの違いをある程度把握しておいてください。また，この本全体の目標である問題解決の５つのステップを理解し，今後の学習で意識するように心がけてください。
《キーワード》　確率分布モデル，統計モデル，問題解決

1.1　統計学への関心の高まり

現在の社会では，私たちの身の回りには多くのデータがあふれています。インターネットの Web ページには，国や地方自治体が実施した調査の結果が公開されていますし，TV や新聞においても，内閣支持率調査やさまざまな世論調査の結果が定期的に報道されています。また，現在の情報通信技術の進展によって，これまで難しかった生のデータや集計データを数値として手に入れることも可能となっています。

また，直接手に入れることができなくても，私たちの生活に密着した形でデータが収集され，蓄積されているのです。たとえば，コンビニエンスストアやスーパーマーケットのレジでは，バーコードを使って情報が入力され，いつどこでどのような製品が購入されているか，という情報が蓄積されています。また，私たちのもっている DNA には大量の情報が含まれていますが，その情報も血液や尿を使って収集し，分析ができるようになってきています。DNA の情報は，今後の医療分野での活

用を目指して，多くの研究者が研究を進めています。このように，私たちの周りには多くのデータがあり，それとは無縁の生活を送ることは難しくなってきているのです。

このような環境の変化は，統計の役割を大きく変えてきました。これまで，統計学は実験や調査を行う一部の人々によって利用されていたにすぎませんでした。しかし，今では多くの人々が調査データを手にすることができるようになりました。実際に統計解析を行う機会も増えてきているのです。また，実際に統計解析を行わない人でも，提示されるさまざまな統計情報を理解し，それを批判的に検討することが必要です。統計学は社会生活の中で必要とされる重要な能力のひとつとして考えられるようになってきています。

学校教育において学習する統計的な内容も大きく変わってきています。2017 年 3 月に小学校と中学校の学習指導要領が改訂されました。2008 年の改訂で中学校の教科「数学」に新設された「資料の活用」という領域が,「データの活用」と名前が変わり，小学校算数にも同じ名称の領域が新設されました。内容を見てみますと，小学校において新しいグラフ表現である「ドットプロット」が加わり，中央値や最頻値といった代表値を小学校で取り扱うことになりました。中学校においても，四分位範囲や箱ひげ図が高等学校から移行されています。それに加えて，統計的な探求プロセスについても小学校段階から意識することになっています。これは，知識や技能を身に付けるだけでなく，データを用いて考察したり，判断することが求められているのです。このように，義務教育の段階から統計的な力を高めていくことの必要性が認識され，統計教育が重要視されるようになってきていることがわかります。

1.2　統計的なデータのグラフ表現と代表値

統計学では，統計的な内容を記述統計と推測統計に分けて考えることがあります。この本では，その中の推測統計の部分を中心に取り扱いますが，ここでは記述統計の内容を簡単に紹介しましょう。記述統計は，観測されたデータをできるだけ忠実に取り扱い，データの分布を表現する代表的な値を求めたり，データをグラフ化することによって，データの特徴を明らかにする手法を指しています。

まず，測定値がいくつかのグループに分類されたもの（**カテゴリー**といいます）の中のひとつをとるような**質的変数**を考えます。質的な変数の場合には，各カテゴリーの度数やその割合を示すことで，そのバラツキを表現できます。そのため，グラフ表現としては，度数を示す場合には棒グラフが割合を示す場合には円グラフや帯グラフが用いられます。ここで，測定値の個数，すなわち各カテゴリーの度数の合計をデータのサイズと呼びます。

これに対して，測定値が長さや重さのように数値として観測されるとき，この変数を**量的変数**といいます。量的変数のバラツキを示す場合には，測定値をその量に応じていくつかのグループに分けて，それぞれのグループの度数を調べます。そして，それをグラフ化したヒストグラムを用います。ただし，データのサイズが小さいときやとり得る値がそれほど多くない場合には，対応する数直線の上に点をプロットしていくドットプロットが用いられることもあります。また，代表値としては平均と標準偏差がよく用いられます。**平均**は，すべての測定値の合計を測定値の個数で割ることで計算することができます。それぞれの測定値からこの平均を引いた値は**偏差**と呼ばれます。この偏差の 2 乗の和を測定値の個数で割ったものを**分散**といいます。この分散の正の平方根が**標準偏差**となります。少し計算の方法は難しいですが，統計ではよく用いますので，意味をしっかり理解しておきましょう。

例 1.1　ある健康診断に来た 10 人の握力を調べたところ，次のような結果になりました。単位は kg です。

40.0	56.5	26.8	50.3	22.5
56.5	27.3	49.0	43.5	32.3

このデータの平均と標準偏差を計算してみましょう。平均は，

$$\frac{40.0+56.5+26.8+50.3+22.5+56.5+27.3+49.0+43.5+32.3}{10}$$
$$=40.47$$

となります。また，分散は次のように計算できます。

$$\frac{(40.0-40.47)^2+(56.5-40.47)^2+\cdots+(32.3-40.47)^2}{10}=144.27$$

標準偏差は，$\sqrt{144.27}=12.01$ となります。

さらに，最近はデータを 4 つに等分する四分位数に最大値と最小値を合わせた**5 数要約**を用いた**箱ひげ図**というグラフ表現が用いられることもあります。四分位数と箱ひげ図については，例 1.1 を使って説明することにします。まず，10 人の中央値を計算します。**中央値**は，10 人を小さい値から順に並べて，真ん中の値を求めます。このデータでは 10 人ですので，5 番目と 6 番目の値の真ん中の値を中央値とします。5 番目が 40 で 6 番目が 43.5 ですので，中央値は 41.75 (kg) となります。そして，この中央値より小さい 5 つのデータと大きい 5 つのデータのそれぞれの中央値を，**第 1 四分位数**と**第 3 四分位数**といいます。このデータでは，第 1 四分位数は 27.3 (kg) で第 3 四分位数は 50.3 (kg) となります。

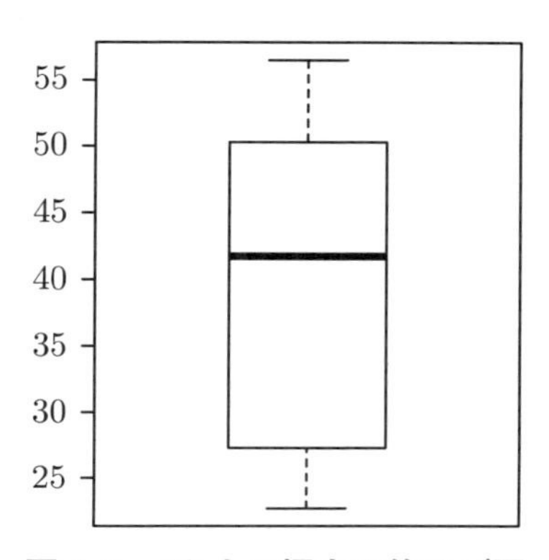

図 1.1　10 人の握力の箱ひげ図

これに，最小値 22.5 (kg) と最大値 56.5 (kg) を加えた 5 つの数を用いると，箱ひげ図は図 1.1 のようになります。

ここでは，記述統計でよく用いられるグラフ表現や代表値を簡単に紹介しました。この本の中でもこれらの記述統計の方法を用いることもありますので，しっかり確認をしておきましょう。もっと詳しい内容については，参考文献[1]の熊原・渡辺 (2012) や[2]の日本統計学会編 (2012) を参照してください。

1.3　確率分布モデルと統計モデル

推測統計では，観測されたデータを本来の調査対象となる集団の一部として考えます。このとき，本来の調査対象集団のことを**母集団**といい，観測されたデータのことを**標本**といいます。推測統計での目的は，観測された標本にもとづいて，母集団の傾向を推測していくことにあります。そのため，母集団と標本の関係を表現する確率を使ったモデル化が大きな役割を果たします。

ここでは，このモデル化の部分を確率分布モデルと統計モデルの 2 つに分けて考えていくことにします。**確率分布モデル**は，コイン投げの結果のように偶然に起こる現象に関するモデル化の部分を指します。コイン投げの場合には，オモテが出るのかウラが出るのか，基本的には投げてみないとわかりません。私たちが知りうる情報は，オモテがどのくらいの割合で出るのか，という情報だけでしょう。この部分は，確率を使って表現するしかないわけです。統計的な調査においても，確率的なバラツキがあります。たとえば内閣支持率調査を考える場合には，有権者の中から無作為に調査対象者が選ばれます。そのため，選択された人が内閣を支持しているかどうかは偶然に左右されるわけです。このように偶然によって生じるバラツキを確率分布モデルとして表現することにします。

これに対して，ある程度情報を収集して予測できる変動もあります。たとえば，明日の気温を予測する問題を考えましょう。もちろん，明日の気温は正確には明日になってみないとわかりませんが，ある程度の情報を集めることで，明日の気温を予測することができます。たとえば，現在の雲の分布や風向きなどのさまざまな気象条件を利用して，明日の気温を予測することができるのです。このように，いろいろな情報を集めることで予測できる部分を**統計モデル**と呼ぶことにします。

たとえば，現在観測できない量 Y に対して，現在観測されている情報 X を利用して予測することを考えます。このとき，シンプルな場合には

$$Y \text{ の値} = (X \text{ で予測できる部分}) + (\text{偶然におこる部分})$$

というように，分けて考えることができます。この（X で予測できる部分）をモデル化した部分が統計モデルとなります。

統計モデルについては，X として用いる変数の選択の仕方や関数の形などを考えていきますと，さまざまなモデルが候補として考えられます。そのため，その中から最もあてはまりのよいモデルを選択する必要が出

てきます。現在では，用いられるモデルもどんどん複雑になっており，モデルの選択方法がその重要度を増してきています。この本でも，第 12 章にモデル選択の章を設け，少し詳しく説明することにします。モデル選択の方法のひとつとして，情報量規準を用いた手法が提案されています。この方法のさきがけとなったのは，故赤池弘次先生の研究です。赤池先生は統計数理研究所の元所長で，赤池先生の提案された情報量は，AIC (Akaike's Information Criteria) と呼ばれ，世界的に多くの研究で用いられている有名な統計手法となっています。AIC は

$$\mathrm{AIC} = -2 \times (\text{最大対数尤度}) + 2 \times (\text{モデルの自由パラメータ数})$$

というシンプルな形で導出できる非常に有用な方法です。この式の意味は，この段階では理解できないと思いますが，第 12 章で詳しく説明をしますので，そこで学習してください。

1.4　数学的内容の取り扱い

統計の講義の中で，最も頭を悩ますのは，数学的な内容の取り扱いについてです。統計的手法は，さまざまな数学的な内容を利用して構成されていますので，数学と完全に切り離して考えることはできません。特に推測統計を扱う際には，確率分布や統計量の分布など数学を利用しないと，その理論は成り立ちません。

実際に，この本で取り扱っている統計的手法においても，その背景としてある程度高度な数学的内容を含んでいます。その内容の中には，高等学校の数学では学習していない部分も含まれています。行列計算や偏微分，多重積分など，大学の数学として学習する内容も含まれていますし，統計の内容を説明するために必要な数学を特別に準備する必要がある場合さえあります。しかし，これらの内容を厳密に話をしていきます

と，この本の内容がほとんど数学の内容だけになってしまい，統計的な内容の理解を妨げる可能性があります。これがひとつのジレンマとなっています。

もうひとつの問題点は，数学的な内容がどんどん高度化している点です。コンピュータの発展によって，プログラムを組むことができれば，複雑な計算でもコンピュータを利用して計算できるようになってきました。統計的な手法についても，コンピュータを使って分析することが前提となってきており，多少複雑な計算が含まれていても，ソフトウエアを利用して計算できれば分析においては問題ではなくなってきているのです。そのため，高度に数学的な内容を含んだ統計手法が多く開発されるようになってきているのです。

このような背景を考えて，この本では数学的な内容は必要最小限にとどめて，基本的な統計的概念や統計的な考え方を重要視する形で進めていきます。時折数式も出てきますが，多くの場合は確率分布モデルや統計モデルを説明するために必要な場合ですので，モデルの意味を理解してもらえば結構です。もちろん，数学的にしっかり理解したいと考えている人のために，できるだけ詳しく説明されている参考文献を章末に付けています。興味のある部分については，参考文献を参照してください。

1.5　全体の構成

全体の構成は大きく前半と後半に分かれています。

前半は確率分布モデルを中心に取り扱います。第2章と第3章では確率分布モデルを考える準備として，確率の基本性質や確率分布の特徴を把握するための方法について解説することにします。第4章から第6章では，2項分布モデル，多項分布モデル，ポアソン分布モデルといった離散的なデータに対する確率分布モデルを紹介します。そして，第7章から第 9 章では連続的な分布のモデルとしてよく用いられている正規分布について紹介します。これらの章では，確率分布モデルの性質だけを取り扱うだけでなく，それぞれの確率分布モデルを仮定した場合の統計解析方法についても取り扱います。パラメータの信頼区間の考え方や統計的な検定の考え方についてもこの中で適宜紹介していきます。特に，第 8 章では，正規分布モデルでの統計的推測を取り上げますが，ここでは，2 項分布モデルやポアソン分布モデルとの共通点についても考えていきます。第 9 章では，正規分布モデルでの群間比較について紹介します。ここでは，2 群比較の t 検定やそれを 3 群以上に拡張した一元配置分散分析について説明します。また，多群の比較において生じる多重性の問題等についても簡単に触れることにします。

後半は，統計モデルの話が中心となってきます。第 10 章と第 11 章の 2 章に分けて回帰分析について説明します。回帰分析で用いられる線形モデルは，統計学の中でも非常によく用いられている手法です。この部分をしっかり理解しておくことで，第 13 章で取り扱うロジスティック回帰分析やここでは取り扱いませんが一般化線形モデルでの分析の考え方を理解するのに役立ちます。さらに第 12 章では，モデル選択手法について紹介します。AIC を利用したモデル選択だけでなく，ステップワイズ法やクロスバリデーションを用いる方法についても説明します。第 13 章では，結果が 2 つの値のどちらかをとるデータへの回帰分析の拡張として，ロジスティック回帰分析について紹介します。ここでは，第 5 章で紹介するクロス表の解析との共通点についても取り扱います。第 14 章では，主成分分析や因子分析について簡単に紹介します。これらの分析方法では，観測されていない変量を統計モデルの中に組み込んで変数の間の関係を説明しています。最後に，第 15 章では，全体的な内容を振り返り，現実的な事例を取り上げながら統計解析に関する注意点を考えることで，全体のまとめとします。

1.6 最終目標

最初に紹介しましたが，統計学への期待は段々と大きくなってきています。しかし，ここで期待されている内容は，従来の統計教育に求められていたものとは，少し性格が異なっています。これまでは，平均や標準偏差を計算したり，実際にパラメータの推定値を計算したり，自分で検定を行ったりすることができることを目標にしてきました。しかし，社会から求められる統計的能力は，そのような計算能力ではなく，統計を活用して問題を解決していく力なのです。

統計というと，既にデータがそこにあって，そのデータを分析できればいいと考えがちですが，本来はデータの収集からデータの解釈までのプロセス全体を見通す必要があるのです。そのようなプロセスのひとつとしてPPDACサイクルが使われることが多くなりました。PPDACサイクルは，問題（Problem），計画（Plan），データ（Data），解析（Analysis），結論（Conclusion）からなるサイクルを繰り返すことで，より良い結論を導くプロセスと考えられます。この5つの内容をもう少し詳しく紹介しましょう。

1. 問題（Problem）

   問題を定式化する部分で，漠然とした問題意識を実際に統計的な調査を実施することで明らかにできるような問題へと変更することをいいます。たとえば，血圧を下げる薬が有効であることを示したい，と考えたとしましょう。有効という意味を考えて，薬を飲む前と飲んだ後の血圧値の違いを調べるのか，薬を飲んだ人と飲んでない人を比較するのかということも考える必要があるでしょう。また，それをどのような指標を用いて比較するのかということも考える必要があります。

2. 計画（Plan）

定式化した問題に対して，その問題に対する答えを導くために，どのようなデータをどのように収集するべきかをしっかり考える部分です。

3. データ（Data）

データの収集の計画に沿ってデータを収集する部分です。データの収集に失敗すると，結論として何も言えなくなる場合があります。

4. 解析（Analysis）

データの解析については，この本の中で最も詳しく触れる部分です。確率分布モデルや統計モデルの意味をしっかり把握し，統計手法の特徴を理解してそれらを適切に用いることが必要です。

5. 結論（Conclusion）

データ解析の結果にもとづいて，最初に定式化した問題に対して，どのような結論が導けるのかを考える部分です。観測結果に忠実に結論を導くことが大切です。それに加えて，このサイクル全体を批判的に検討することも大切です。また，必要に応じて新しい問題について考え，次のサイクルへと進めることで，より良い問題解決の方法を探る必要があります。

統計的問題解決では，PPDAC サイクルを意識し，しっかり計画を立てながら実行していくことが大切です。ここで取り扱う内容は，データ解析の部分が中心ですが，できるだけ具体的な問題を意識し，解析方法を考えてください。また，是非ここで学習した内容を使って，この問題解決のプロセスに挑戦してみてください。

参考文献

[1]　熊原啓作・渡辺美智子『身近な統計』放送大学教育振興会，2012
[2]　日本統計学会編『データの分析』東京図書，2012

2 確率の基本性質

《目標＆ポイント》 この章では，確率の定義と基本的な性質について解説します。確率の定義については，「多数回の実験や観察」にもとづく方法や「同程度の確からしさ」にもとづく方法を最初に紹介しますが，最終的には基本的な性質を満たすものをすべて確率モデルと呼び，その中で現象をうまく説明できるものを考えます。複雑な確率計算はそれほど重要ではありませんが，排反な事象や独立な事象などの基本的な概念はしっかり身に付けておきましょう。また，確率を活用する際には，条件付き確率の考え方も重要ですので，ここでおさえておきましょう。
《キーワード》 確率モデル，排反，独立，条件付き確率

2.1 確　　率

確率は日常生活の中でもよく使われる言葉です。二人でじゃんけんをしたときに勝つ確率，スポーツの試合で勝つ確率，スーパーマーケットに行ったときに友達に出会う確率など，さまざまな場面で用いられます。この日常生活の中での確率は，その人がもっている知識やこれまでに経験したことを参考にしながら数値化されていることが多いのではないでしょうか。確率は，このように不確実な現象の中である事柄が起こる程度を数値化したものです。このとき，「事柄が起こる程度」をどのように数値化するのかという点が問題となります。

たとえば，ペットボトルのふたを落としたときに，ふたの閉じている部分の方が上になる確率を考えてみましょう。このような場合は，実際にペットボトルのふたを何度か落としてみて，その結果をまとめるとその

傾向をつかむことができます。100 回落としてふたの閉じている部分が上になった回数が 30 回であれば，確率を 30/100 で 30% と考えることができます。もちろん，同じような実験をしたときにいつも同じ結果となるとは限りません。多少バラツキがあるでしょうが，回数を増やせばそれほど大きな違いは生じなくなります。このように，「事柄が起こる程度」を表す方法として**多数回の実験や観察の結果にもとづく方法**が考えられるわけです。たとえば，生まれてくる子供の性別は，女の子よりも男の子の確率の方が少し高いと言われています。実際に人口動態統計の 2015 年の男女別出生数を見ても，男子が 515452 人，女子が 490225 人で，男子の割合は 51.3% となっています。また，過去 10 年間の男子の割合を見ても 51.2% から 51.4% の間で推移しており，ほぼ安定した数値になっています。

もうひとつ，「事柄が起こる程度」を表す方法に，**同程度の確からしさにもとづく方法**があります。たとえば，コインを投げたときには，「オモテが出る」場合と「ウラが出る」場合の 2 つの可能性があります。この 2 つの結果はどちらも同じくらいの可能性で起こると考えられるでしょう。これを前提として確率を計算します。全体の確率を 1 としますと，この 2 つの結果が起こる確率は同じなので，どちらも 1/2 となります。同じように，1 から 6 の目をもつさいころを投げた場合も，それぞれの目が出る可能性は同じと考えることができるので，それぞれ 1/6 となります。このように，ゲームやくじ引きなどを考える場合には，その結果を同程度の確からしい事柄に分けていくことができますので，実際に実験したり，データを集めたりすることなく，確率を考えることができます。そのため，確率の計算の例を考えるときには，ゲームやくじ引きがよく用いられるのです。

それでは，この同程度の確からしさにもとづく方法を用いて，確率がどのような性質をもっているのかを調べてみましょう。ある確率的な現象の結果が，「同程度に確からしい」と考えられる結果に分けられたと仮定します。まず，「同程度に確からしい」結果を集めた集合を Ω と書き，これを**全事象**と呼びます。私たちが確率を求めたい事象は，全事象 Ω の一部分となります。そこで，Ω の一部分からなる集合のことを**事象**と呼びます。事象 A に対して，A に含まれる要素の個数と全事象 Ω の要素の個数をそれぞれ $\#A$ と $\#\Omega$ と表して，事象 A の確率 $P(A)$ を次のように決めます。

$$P(A) = \frac{\#A}{\#\Omega}$$

例 2.1　1 から 6 の目をもつさいころを 1 回投げて偶数の目が出る確率を考えてみましょう。まず，すべての目が「同程度に確からしい」と考えると，全事象は $\Omega = \{1, 2, 3, 4, 5, 6\}$ となります。そして，その中の偶数の目が出る場合を事象 A としますと，$A = \{2, 4, 6\}$ と表せます。このとき，$\#\Omega = 6$，$\#A = 3$ となりますので，事象 A の確率は

$$P(A) = \frac{\#A}{\#\Omega} = \frac{3}{6} = \frac{1}{2}$$

となります。

例 2.2　コインを 2 回投げたときにオモテが 1 回出る事象 A_1 とオモテが 2 回出る事象 A_2 の確率を考えてみましょう。オモテ (Head) を H，ウラ (Tail) を T と表して，1 回目がオモテで，2 回目がウラの場合を (H, T) という形で書き表します。このとき，全事象は $\Omega = \{(H, H), (H, T), (T, H), (T, T)\}$ となります [*1]。オモテが 1 回だけ出る事象 $A_1 = \{(H, T),$

---

*1　コインを 2 回投げたときにオモテの出る回数は，0, 1, 2 の 3 通りが考えられます。しかし，この 3 つの結果は「同程度に確からしい」と考えることはできません。そのため，$\Omega = \{0, 1, 2\}$ として上のように確率を定義することはできません。

$(T,\ H)\}$ とオモテが 2 回出る事象 $A_2 = \{(H,\ H)\}$ の確率を求めます。それぞれの要素の個数を考えることで，

$$P(A_1) = \frac{2}{4} = \frac{1}{2}, \quad P(A_2) = \frac{1}{4}$$

となります。

演習問題

【問題 2.1】

1 組のトランプがあります。ダイヤモンド，スペード，ハート，クローバの 4 種類がそれぞれ 1 から 13 まであり，合計 52 枚あります。この中から無作為に 1 枚選ぶとき，スペードのカードであるという事象 A と 9 以下のカードであるという事象 B の確率を求めなさい。

2 つの事象 A と B に対して，2 つの事象の要素を併せた事象を A と B の**和事象**といい，$A \cup B$ と表します。たとえば，例 2.2 において，事象 A_1 と A_2 の和事象 $A_1 \cup A_2$ は $\{(H,\ H),\ (H,\ T),\ (T,\ H)\}$ となります。このとき，$P(A_1 \cup A_2) = 3/4$ ですので，$P(A_1) + P(A_2)$ と等しくなります。これは，和事象 $A_1 \cup A_2$ の要素の個数が事象 A_1 の要素の個数と事象 A_2 の要素の個数の和と等しいためです。

このように，2 つの事象 A と B が共通する要素をもたないときに，2 つの事象は**排反**であるといいます。2 つの事象 A と B が排反であれば，

$$P(A \cup B) = P(A) + P(B) \tag{2.1}$$

が成り立ちます。ただし，2 つの事象がいつも排反であるわけではありません。排反でない場合には，A と B の**共通部分**を考える必要があります。

2 つの事象 A，B の両方に属する要素の集合を A と B の共通部分と

いい，$A \cap B$ と表します。$A \cap B$ の要素は，事象 A の要素の個数を数えるときにも，事象 B の要素の個数を数えるときにもそれぞれ 1 個と数えられています。そのため，$P(A)+P(B)$ を考えるときに，$A \cap B$ の要素は 2 度数えられていることになります。和事象 $A \cup B$ の要素の個数は，事象 A の要素の個数と事象 B の要素の個数の和から $A \cap B$ の要素の個数を引いたものと等しくなります。このことから，

$$P(A \cup B) = P(A) + P(B) - P(A \cap B) \tag{2.2}$$

を示すことができます。

演習問題

【問題 2.2】

コインを 5 回投げたときの結果として，次の 3 つの事象を考えます。このとき，排反な事象の組み合わせをすべて挙げなさい。

A_1: オモテが出た回数が偶数である。

A_2: オモテが出た回数が 2 回以下である。

A_3: ウラが出た回数は 2 回である。

2.2　確率モデル

これまで，確率を求める方法として多数回の実験や観察の結果を用いる方法と同程度の確からしさにもとづく方法を紹介しました。しかし，現実の現象の中にはこれらの方法で確率を求めることができない場合も多くあります。この節では，もっといろいろな形で確率を求める方法を考えることにします。

まず，起こりうるさまざまな結果の集合を Ω とします。ここでは，各

要素が「同程度の確からしさ」であるかどうかには，こだわらないことにします。そして，Ω の部分集合 A に対してその確率 $P(A)$ を決めるわけですが，その際に次のような条件を付けることにします。

1. 確率 $P(A)$ は，0 以上 1 以下の値をとる
2. $P(\Omega) = 1$
3. 2 つの事象 A，B が排反であるとき，$P(A \cup B) = P(A) + P(B)$ が成り立つ [*2]

上の 3 つの条件を満たすような関数 P を確率モデルあるいは単に確率と呼ぶことにします [*3]。もちろん，この 3 つの条件は 2.1 節で説明した 2 つの方法の場合にはもちろん成り立ちますので，これらの方法で確率を決めることができる場合には，その確率をそのまま確率モデルとして考えてもかまいません。また，確率モデルを考える際には実際の現象とできるだけ合うモデルを考えるのですが，正しいモデルであるかを厳密に考える必要はありません。実際の現象に対してさまざまな確率モデルを考え，その中でできるだけ実際の現象にうまく合う確率モデルを見つけ出せればよいのです。この確率モデルをどのように設定するのかを説明するために，4 章から 7 章では，統計においてよく用いられる確率モデルを紹介することにします。

数学においては，上の 3 つの条件を満たす確率の性質がいろいろ調べられています。ここでは，その中のひとつとして，余事象に関する性質を紹介します。事象 A に対して，全事象 Ω の中で A に含まれない要素

---

*2　数学ではもっと一般的に無限個の排反な事象についても同じような性質が成り立つことを仮定しますが，ここでは説明を簡単にするために 2 つにしています。

*3　数学においては，この 3 つの条件を公理と呼び，この公理を満たすものをすべて確率と定義します。そのため，このような確率を公理的確率と呼ぶこともあります。数学では公理的確率の性質を詳しく調べる分野を確率論と呼んでいます。確率論の詳しい内容については章末の参考文献を参照してください。

の集合のことを A の余事象といい，$\bar{A}$ で表します。A と $\bar{A}$ は共通の要素がありませんので，排反となります。また，Ω の要素は，A と $\bar{A}$ のうちどちらかの要素となっていますので，$\Omega = A \cup \bar{A}$ が成り立ちます。このことから，確率を定義した際の条件を用いると

$$P(A) + P(\bar{A}) = P(\Omega) = 1$$

が成り立つことが示せます。この式を変形することで

$$P(\bar{A}) = 1 - P(A) \tag{2.3}$$

が導けます。この性質を使うと，事象 A の確率 $P(A)$ が求まれば，その余事象 $\bar{A}$ の確率 $P(\bar{A})$ を簡単に求めることができることになります。例 2.2 において，1 回もオモテが出ない事象 B の要素は (T, T) だけですから，$P(B) = 1/4$ となります。事象 B の余事象 $\bar{B}$ の確率は，

$$P(\bar{B}) = 1 - P(B) = 1 - \frac{1}{4} = \frac{3}{4}$$

のように計算することができます。一方，$\bar{B}$ は「オモテが 1 回以上出る」という事象ですので，例 2.2 の 2 つの事象 A_1 と A_2 の和事象 $A_1 \cup A_2$ と等しいことがわかります。前に計算したように $P(A_1 \cup A_2) = 3/4$ ですので，もちろん上の余事象の性質を用いた計算と一致していることがわかります。

今後さまざまな確率の計算が出てきますが，排反な事象の性質や余事象の考え方は特に重要です。

大数の法則

「多数回の実験や観察の結果にもとづく方法」では，実験や観察ごとに結果が多少バラックことになります。それでは，ある事象が起こる割合は，実験や観察の回数を増やすと一定の値に近づくので

しょうか。この問題に対する数学的な答えが大数の法則です。ある事象が生じる確率が p であるという確率モデルを考え，この実験あるいは観察を独立に n 回繰り返します。大数の法則では，この n 回の中である事象が生じた割合 p_n が n を大きくすることで p に近づくことを示しています。この大数の法則の証明はかなり数学的になりますので，興味のある方は，章末の参考文献を参照してください。

2.3 独立性と条件付き確率

統計学の中でよく用いられる確率の性質として，事象の独立性と条件付き確率があります。例 2.2 のコインを 2 回投げる問題をもう一度考えてみましょう。

B_1: 1 回目にオモテが出る

B_2: 2 回目にオモテが出る

という 2 つの事象の確率は，例 2.2 と同様に考えることで，$P(B_1) = P(B_2) = \frac{1}{2}$ となります。また，例 2.2 で考えたオモテが 2 回出る事象 A_2 は，上の 2 つの事象 B_1 と B_2 の共通部分 $B_1 \cap B_2$ と一致します。$P(A_2) = \frac{1}{4}$ でしたので，このことから，B_1 と B_2 の間には

$$P(B_1 \cap B_2) = P(B_1)P(B_2) \tag{2.4}$$

という関係が成り立つことがわかります。これは，1 回目の結果と 2 回目の結果の確率をそれぞれ計算しておいて，その積を計算することで，両方が起こる確率を求めることができることを意味しています。このように，2 つの事象 B_1 と B_2 の間に，式 (2.4) のような関係が成り立つとき，2 つの事象 B_1 と B_2 は独立であるといいます。さらに，3 つ以上の事象

の場合にも独立な場合を考えることができます。たとえば，B_1，B_2，B_3 の場合を考えます。このとき，上と同様に

$$P(B_1 \cap B_2 \cap B_3) = P(B_1)P(B_2)P(B_3)$$

が成り立つことが必要です。しかし，これだけでは 3 つの事象のうち 2 つ選んだとき，その 2 つの事象が独立であることまでは保証してくれません。そこで，これに加えて，B_1 と B_2，B_2 と B_3，B_3 と B_1 もそれぞれ独立であることも条件に入れることにします。一般には，n 個の事象 $B_1, B_2, \ldots, B_n$ が独立であるとは，

$$P(B_1 \cap B_2 \cap \cdots \cap B_n) = P(B_1)P(B_2)\cdots P(B_n)$$

が成り立つことと，$B_1, B_2, \ldots, B_n$ の中からその一部の事象を取ってきたときに，それらも独立であることの両方を満足することと定義します。n 個の事象の中から一部分を選ぶ選び方はたくさんありますので，独立であることを調べることは大変です。しかし，確率モデルとして事象の独立性を仮定すると，確率の計算が非常に簡単になるというメリットがあります。たとえば，押しピンを n 回投げたときに，ピンが上を向く回数に関する確率を考えてみましょう。投げた結果がそれぞれ独立であると仮定すると，1 回投げたときにピンが上を向く確率 p と，投げた回数 n を決めれば，確率の計算ができるわけです。統計においては，同じ実験を繰り返し行ったり，n 人の人に同じ測定を行う場合が多くあります。このとき，それぞれの実験結果や測定結果は独立であると仮定します。このように，独立性という概念は，統計解析を考える上では非常に重要な概念です。

ただし，残念ながら独立性が成り立たない場合もあります。次の例を考えてみましょう。

例 2.3　4 本中 1 本の当たりくじがあるくじを考えてみましょう。2 人の人が順にくじを引くことにし，引いたくじは元に戻さないことにします。2 つの事象

A_1: 1 人めの人が当たりくじを引く

A_2: 2 人めの人が当たりくじを引く

の確率を求めてみましょう。「同程度の確からしさ」を使って考えるために，4 本のくじには 1 から 4 までの番号が付いており，1 番を当たりくじとしましょう。2 人のくじの引き方は全部で 12 通りあり，それを Ω で表します。このとき，$A_1 = \{(1, 2), (1, 3), (1, 4)\}$，$A_2 = \{(2, 1), (3, 1), (4, 1)\}$ となりますので，$P(A_1) = P(A_2) = 1/4$ となります。一方，$A_1 \cap A_2$ はひとつも要素がありませんので，$P(A_1 \cap A_2) = 0$ となります。このことから，A_1 と A_2 は独立ではないことがわかります。

例 2.3 のような場合には，**条件付き確率**を利用するとうまく表現できます。まず，事象 A を条件付けたときの事象 B が起こる条件付き確率 $P(B|A)$ を

$$P(B|A) = \frac{P(A \cap B)}{P(A)} \tag{2.5}$$

と定義します。例 2.3 では $P(A_1 \cap A_2) = 0$ ですので，$P(A_2|A_1) = 0$ となり，これは 1 人めが当たりくじを引くと 2 人めは当たりくじを引く可能性はなくなることを意味します。また，1 人めが当たりくじを引かない，すなわち A_1 の余事象 $\bar{A}_1$ を条件付けると，

$$P(A_2|\bar{A}_1) = \frac{P(\bar{A}_1 \cap A_2)}{P(\bar{A}_1)} = \frac{1}{3}$$

となり，1 人めよりも当たる確率が高くなることが分かります。もちろん，このことは 1 人めがくじを引いた後の状況を考えれば，わかりやす

いでしょう。2 人めがくじを引くときには，くじの数は 3 本になっており，1 人めの結果によって，当たりくじがないか，1 本あるかが決まってくるわけです。その意味では，

$$P(A_2|A_1) = 0, \quad P(A_2|\bar{A}_1) = \frac{1}{3}$$

の方が，$P(A_1 \cap A_2)$ や $P(\bar{A}_1 \cap A_2)$ を考えるよりも実は簡単かもしれません。この場合には条件付き確率を先にモデル化しておき，$P(A_1 \cap A_2)$ は，式 (2.5) を変形した

$$P(A_1 \cap A_2) = P(A_1)P(A_2|A_1) \tag{2.6}$$

をうまく利用して考える方が便利です。このように，複雑な状況を考える場合には，条件付き確率を考えて，確率モデルを構成した方が簡単な場合も多く見られます。

最後に，少し発展的な内容として生活に関連した条件付き確率の利用例をひとつ挙げましょう。

例 2.4　A さんががんの検診を受けに行きました。一般的にがん検診を受けにきた人が，実際にがんである確率を 5% とします。A さんが検診を受けた時点で，がんであるという事象を A と表しますと，$P(A) = 0.05$ となります。検診を受けると，結果が出てきます。検診結果としては，陽性（がんである可能性が高い）あるいは陰性（がんである可能性が低い）のどちらかが出てくることになります。しかし，陽性だからといって確実にがんであるとは限りません。がんである人は陽性が出やすく，がんでない人は陰性になりやすいような検査をしているのです。今，がんである人が陽性と判断される確率が 95% であるとし，がんでない人が陽性と判断される確率が 20% であるとします。検診の結果陽性と判断される事象を B として，上の事柄を条件付き確率を用いて表現しますと，

$$P(B|A) = 0.95, \quad P(B|\bar{A}) = 0.2$$

のようになります。それでは，検査で陽性となった人が，実際にがんである可能性はどれくらいでしょうか。このモデルを使って，まず $P(A \cap B)$ を計算してみます。式 (2.5) を利用すると，

$$P(A \cap B) = P(A)P(B|A) = 0.05 \times 0.95 = 0.0475$$

となります。$P(\bar{A}) = 1 - P(A) = 0.95$ ですので，上と同様に

$$P(\bar{A} \cap B) = P(\bar{A})P(B|\bar{A}) = 0.95 \times 0.2 = 0.19$$

となります。さらに，検診で陽性と出る確率は，

$$P(B) = P(A \cap B) + P(\bar{A} \cap B) = 0.2375$$

となり，陽性と判断された人ががんである確率 $P(A|B)$ は

$$P(A|B) = \frac{P(A \cap B)}{P(B)} = \frac{0.0475}{0.2375} = 0.2$$

となります。このことから，かなり良い検査方法でも，検診で陽性と判断されても本当にがんである確率は意外に低いことがわかります。しかし，検診を受ける前には 5% であった確率が 20% まで上がっているわけですから，やはり精密検査はしっかり受けておいた方がよいでしょう。

演習問題

【問題 2.3】

押しピン投げを考えます。1 回投げたときにピンが上を向く確率を 0.6 として，押しピンを 2 回投げたときの確率モデルを構成してみましょう。ここでは，それぞれの結果は独立であると仮定することにします。

【問題 2.4】

1 組のトランプがあります。ダイヤモンド，スペード，ハート，クローバの 4 種類がそれぞれ 1 から 13 まであり，合計 52 枚あります。この中から，1 枚ずつ 3 枚のカードを選びます。このとき，同じ種類のカードがある確率を条件付き確率と余事象を用いて説明しなさい。

【問題 2.5】

2 つの事象 A, B に対して，$P(A) = 0.4$, $P(B) = 0.6$, $P(A \cap B) = 0.36$ であるとき，A と B は独立であるかどうかを判断しなさい。また，B を条件付けたときの A の確率 $P(A|B)$ を求めなさい。

参考文献

[1]　伊藤清『確率論』岩波書店，1991

[2]　A.H. コルモゴロフ（根本伸司訳）『確率論の基礎概念（第二版）』東京図書，1975

3　確率分布の捉え方

《目標＆ポイント》　この章では，確率変数の分布と期待値について解説します。統計データにはさまざまな誤差が含まれています。そのため得られた数値を誤差をもった確率変数としてみることが，推測を行う際の基本となります。ここでは，確率分布表や累積分布関数を用いた確率変数のバラツキの表現方法や，確率変数の平均や分散といったバラツキの特徴量の意味をしっかり把握しておきましょう。
《キーワード》　確率変数，確率分布表，累積分布関数，平均，分散，確率変数の和の分布

3.1　確率変数のバラツキ

第２章では，確率の基本的な性質について説明をしました。この章では量的なデータのバラツキを調べる際に必要となる**確率変数**について考えていきます。量的なデータとしては，農作物の収量や機械が壊れるまでの時間，人の体の特性である体重や腹囲などさまざまなものが考えられます。これらの量的なデータは，選ばれたモノや人によって異なってきますし，測定の際に生じるさまざまな誤差などの影響によっても変化します。このように，確率的なバラツキをもった量のことを確率変数と呼び，X，Y，Z のようなアルファベットの大文字を使って表します。また，このような実験や調査の結果だけでなく，もちろんさいころを１回投げて出る目の数も，投げるたびに値は変化しますので，ひとつの確率変数と考えられます。

確率変数は，実際に観測してしまうとひとつの値となってしまいます

が，観測する前には，いろいろな値をとる可能性があります。確率変数はこの可能性を表現しているものと考えてもらえば結構です。たとえば，さいころを 1 回投げて出る目の数を X とします。このとき，X は 1 から 6 の値をとる可能性があります。このとき，1 の目が出るという事象を，確率変数を用いて「$X = 1$」と表します。今，「どの目が出る確率も同じである」という確率モデルは，

$$P(X = 1) = P(X = 2) = \cdots = P(X = 6) = \frac{1}{6}$$

と表現できます。このように，確率変数は実際に観測する前のそれぞれの値の出やすさを表現しているものと考えられます。

確率変数を取り扱うときには，そのバラツキ具合に最も興味があります。この確率変数のバラツキのことを**確率分布**と呼びます。確率変数には，整数の値のようにとびとびの値しかとらない**離散型**の確率変数と身長や体重のように実数値をとるような**連続型**の確率変数があります。

さいころの例のように離散型確率変数の場合には，とり得る値が限られていますので，確率分布を表す際に，次のような**確率分布表**を用います。

x	1	2	3	4	5	6
$P(X = x)$	$\frac{1}{6}$	$\frac{1}{6}$	$\frac{1}{6}$	$\frac{1}{6}$	$\frac{1}{6}$	$\frac{1}{6}$

この表を見ることによって，それぞれの目の出る確率を読み取ることができます。この場合にはどの目も同じ確率であることがわかります。また，コインを 5 回投げたときのオモテの出た回数を確率変数 X とすると，X の確率分布表は，次のようになります。

x	0	1	2	3	4	5
$P(X = x)$	$\frac{1}{32}$	$\frac{5}{32}$	$\frac{5}{16}$	$\frac{5}{16}$	$\frac{5}{32}$	$\frac{1}{32}$

このときには，確率分布表からオモテが 2 回出る確率や 3 回出る確率は

他の場合よりも高く，すべてオモテであったり，すべてウラであったりする確率が低いことがわかります。このように，離散型確率変数の場合には，確率分布表を用いて確率分布を把握できます。

確率変数のバラツキを表現するもうひとつの方法として，累積分布を用いる方法があります。ある値 x に対して，x 以下の値をとる確率を累積確率といいます。たとえば，さいころの例では，$x = 3$ としますと，3 以下の値が出る確率は，

$$P(X \leq 3)^{*1} = P(X = 1) + P(X = 2) + P(X = 3) = \frac{1}{2}$$

となります。また，$x = 2.5$ の場合には，$X = 2.5$ となる確率は 0 ですが，累積確率 $P(X \leq 2.5)$ は X が 2.5 以下となる確率ですので，

$$P(X \leq 2.5) = P(X = 1) + P(X = 2) = \frac{1}{3}$$

となります。累積確率の場合には，x が確率変数 X のとり得る値でなくても計算することができるという特徴があります。このように，どのような x に対しても累積分布を計算することができますので，その関係を x の関数として表現したものを**累積分布関数**と呼んでいます。累積分布関数 $F(x)$ は，確率変数 X が x 以下の値をとる確率を表しますので，

$$F(x) = P(X \leq x)$$

と定義されます。さいころの例で，累積分布関数をグラフで表すと，図 3.1 のようになります。累積分布関数 $F(x)$ は増加関数（正確には非減少関数）ですが，確率変数がとり得ない値のところでは，増加しませんので，図 3.1 は階段状の関数になっています。

---

*1　ここで $X \leq 3$ という式が出てきますが，これは $X \leqq 3$ と同じで X が 3 以下であることを表しています。

さいころの例のように確率変数 X のとり得る値が限定されている場合だけではなく，身長や体重といった連続的な値をとるような確率変数の場合でも，累積分布関数を使って確率分布を表すことができます。たとえば，第 7 章で扱う標準正規分布の累積分布関数は図 3.2 のようになります。この場合には，階段状の関数ではなく，連続的に増加する関数となります。

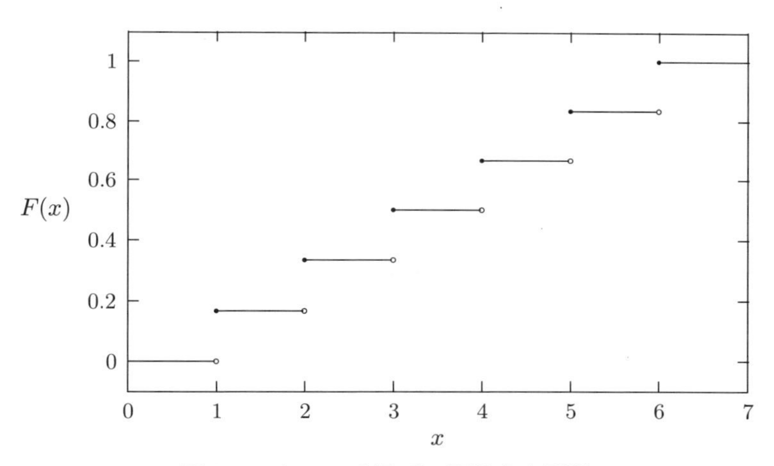

図 3.1　さいころ投げの累積分布関数

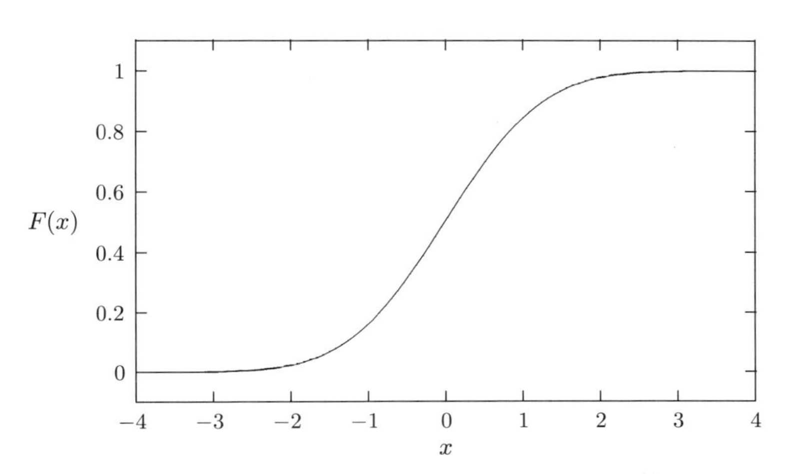

図 3.2　標準正規分布の累積分布関数

標準正規分布のように連続的な値をとる確率変数の場合には，とり得る値がたくさんあります。そのため，確率分布表では確率分布を表現できません。また，ある値 x に対して確率変数 X がちょうど x となる確率 $P(X = x)$ は 0 になります。そこで，それぞれの値の出やすさを表現するときには，累積分布関数の増加率を用います。この増加率を表すのが**密度関数** $f(x)$ で，累積分布関数 $F(x)$ の x での傾きで定義します。$f(x)$ は累積分布関数 $F(x)$ を x で微分することで求めることができます。標準正規分布の密度関数は，0 を中心に左右対称で，0 で最も大きな値をとりますので 0 の周辺の値が出やすい傾向があることが読みとれます。

さいころの例では，確率分布表から累積分布関数を計算しました。逆に，累積分布関数が与えられれば，確率の計算をすることができます。たとえば，確率変数 X が 0 より大きく 5 以下の値をとる確率は，X が 5 以下になる確率から X が 0 以下の確率を引けばよいので，

$$P(0 < X \leq 5) = P(X \leq 5) - P(X \leq 0) = F(5) - F(0)$$

のように計算できます。

実は，第 7 章以降では正規分布や t 分布のように，分布の計算が複雑な確率分布を取り扱います。これらの分布では，具体的に確率計算をすることは非常に難しいのですが，現在では Excel などの表計算ソフトには，正規分布や t 分布の累積分布関数が準備されています。これらの関数を用いることによって，私たちは確率変数 X に関する確率を求めることができるようになっています。たとえば，確率変数 X の分布が標準正規分布であるときの $P(X \geq 2)$ を求めてみましょう。Excel では標準正規分布の累積分布関数を計算する NORMSDIST という関数があります。この関数を用いると，NORMSDIST(2) で $P(X \leq 2)$ を求めることができます。これを使って $P(X \geq 2)$ は，1−NORMSDIST(2) で計

算できます [*2]。正規分布や t 分布の確率分布の計算は，統計的推測を行う際によく出てきます。その準備としてここでは累積分布関数の意味やその使い方についてしっかり把握しておきましょう。

演習問題

【問題 3.1】

累積分布関数 $F(x)$ が与えられたとき，$P(2 < X \leq 6)$ を $F(x)$ を用いて表しなさい。

3.2　確率変数の平均と分散

確率変数の特徴を表す際にも，データの分布の特徴を表すときと同様に平均や分散が用いられます。コイン投げを例に，確率変数の平均や分散の意味を考えてみましょう。

50 人の学生にコインを 5 回ずつ投げてもらいました。各学生のオモテの出た回数を表 3.1 に表しています。この 50 人の学生の結果について，このデータの平均と分散を計算すると，オモテの出た数の平均は 2.7 で，分散は 1.41 となります。このデータの場合には，オモテの出た数は 0 から 5 までの値に限定されています。そのため，一人ひとりの結果を示さなくても，表 3.2 のようにまとめることで，データの分布を把握するこ

表 3.1　学生 50 人のオモテの出た数

2	5	3	3	2	1	4	2	4	5
2	3	0	4	3	1	2	3	3	2
2	3	0	4	3	1	3	3	2	3
2	4	2	4	3	1	2	2	1	4
4	4	3	4	4	3	2	4	1	3

*2　正確には，$P(X \geq 2) = 1 - P(X < 2)$ ですが，標準正規分布のように連続的な分布の場合には，$P(X = 2) = 0$ となるため，$1 - P(X \leq 2)$ で計算してもよいのです。

表 3.2　オモテの数の度数分布

オモテの数	0	1	2	3	4	5	合計
学生の数	2	6	13	15	12	2	50
相対度数	$\frac{2}{50}$	$\frac{6}{50}$	$\frac{13}{50}$	$\frac{15}{50}$	$\frac{12}{50}$	$\frac{2}{50}$	1

とができます。実際，データの平均や分散は，表 3.2 の情報だけで計算できます。

平均を求める式は，次のような形で表されます。

$$0 \times \frac{2}{50} + 1 \times \frac{6}{50} + 2 \times \frac{13}{50} + 3 \times \frac{15}{50} + 4 \times \frac{12}{50} + 5 \times \frac{2}{50} = 2.7$$

この計算の各項は，（オモテの数）×（相対度数）という形になっています。ここで，それぞれのオモテの数に対して**相対度数**は全体の学生数に対する学生の数の割合を表しています。ある程度データ数が多くなれば，相対度数はそれぞれの確率に近い値になることが期待できます。実際に，オモテの出る確率がそれぞれ 1/2 で，5 回の結果は独立であると仮定したときの確率分布を表 3.3 に示していますが，表 3.2 の相対度数と近い値であることがわかります。

表 3.3　オモテの数の確率分布

オモテの数	0	1	2	3	4	5
確率	$\frac{1}{32}$	$\frac{5}{32}$	$\frac{10}{32}$	$\frac{10}{32}$	$\frac{5}{32}$	$\frac{1}{32}$

そこで，データの平均を計算した際の相対度数を確率で置き換えたものを確率変数 X の**平均**と呼び，$E(X)$ で表します。コイン投げの例では，

$$\begin{aligned} E(X) &= 0 \times \frac{1}{32} + 1 \times \frac{5}{32} + 2 \times \frac{10}{32} + 3 \times \frac{10}{32} + 4 \times \frac{5}{32} + 5 \times \frac{1}{32} \\ &= 2.5 \end{aligned}$$

となります。このように，確率変数 X は投げるたびに値は変化するのですが，確率変数 X の平均を計算することで，平均的には 2.5 回程度オモテが出るということがわかります。

同様に，データの分散についても相対度数を用いると

$$(0-2.7)^2 \times \frac{2}{50} + (1-2.7)^2 \times \frac{6}{50} + (2-2.7)^2 \times \frac{13}{50} + (3-2.7)^2 \times \frac{15}{50} + (4-2.7)^2 \times \frac{12}{50} + (5-2.7)^2 \times \frac{2}{50}$$

のように計算できます。この式の各項は（オモテの数 − 平均値）の 2 乗に相対度数を掛けた形になっています。そこで，平均の場合と同様に，相対度数を確率に置き換えたものを確率変数 X の分散と呼び，$V(X)$ と表します。コイン投げの例では，

$$\begin{aligned} V(X) &= (0-2.5)^2 \times \frac{1}{32} + (1-2.5)^2 \times \frac{5}{32} + (2-2.5)^2 \times \frac{10}{32} \\ &\quad + (3-2.5)^2 \times \frac{10}{32} + (4-2.5)^2 \times \frac{5}{32} + (5-2.5)^2 \times \frac{1}{32} \\ &= 1.25 \end{aligned}$$

となります。確率変数の分散は，確率分布のバラツキの大きさを表し，分散 $V(X)$ の値が大きいほど，確率分布のバラツキが大きいことを意味しています。

一般に，離散型確率変数 X の平均と分散は，X のとり得る値を $x_1, x_2, \ldots, x_k$ とすると，

$$E(X) = \sum_{i=1}^{k} x_i P(X = x_i) \tag{3.1}$$

$$V(X) = \sum_{i=1}^{k} \left\{x_i - E(X)\right\}^2 P(X = x_i) \tag{3.2}$$

で定義されます *3。連続型の確率変数の場合には，各値をとる確率の代わりに密度関数 $f(x)$ を用いて次のように積分を用いて定義されます。

$$E(X) = \int x f(x)\, dx$$

$$V(X) = \int \{(x - E(X)\}^2 f(x)\, dx$$

ここでは，積分範囲を省略していますが，X のとり得る値全体で積分します。

確率変数の平均や分散はこの後でもよく出てきますので，定義をしっかりつかんでおいてください。積分について学習していない人は，離散型の確率変数の場合で，イメージをつかんでおけば結構です。

演習問題

【問題 3.2】

赤球が 4 個，白球が 2 個入った袋の中から無作為に 2 個の球を取り出します。このとき，取り出した 2 個の球の中に含まれる赤球の数を確率変数 X とします。このとき，X の確率分布は次のようになります。

赤球の数	0	1	2
確率	$\frac{1}{15}$	$\frac{8}{15}$	$\frac{6}{15}$

この確率分布を用いて，確率変数 X の平均と分散を求めなさい。

確率変数のバラツキの指標ではありませんが，平均や分散を一般化した

*3　ここで，記号 Σ（シグマ）を用いています。Σ は和を意味するもので

$$\sum_{i=1}^{k} a_i = a_1 + a_2 + \cdots + a_k$$

となります。

ものに期待値という概念があります。たとえば，宝くじを買ったときの期待値はいくらか，という話を聞いたことがある人も多いでしょう。期待値は，確率変数の値によって定まるある量 $g(X)$ の平均的な値を表します。これを $E[g(X)]$ と書きます。確率変数 X のとり得る値を $x_1, x_2, \ldots, x_k$ とすると，$g(X)$ の期待値は

$$\begin{aligned} E\big[g(X)\big] \ &= \ g(x_1)\,P(X=x_1) + g(x_2)\,P(X=x_2) + \cdots \\ &\quad + g(x_k)\,P(X=x_k) \end{aligned} \tag{3.3}$$

と定義します。また，連続的な確率変数の場合には，

$$E\big[g(X)\big] = \int g(x)f(x)\,dx \tag{3.4}$$

と定義します。実は，確率変数の平均や分散もこの期待値の形になっています。平均は，$g(X)$ として X を用いて期待値を計算したものになります。分散の方は少し複雑で，平均の値を m とすると，$g(X)=(X-m)^2$ という関数を使って $E[g(X)]$ を計算していると考えればよいわけです。

その他にも，$g(X)=aX$（a は定数）のように，確率変数 X にある定数を掛けたものの期待値を考える場合もあります。コイン投げの例でいいますと，5 回の中でオモテの出た数の割合は，オモテの出た回数 X をコインを投げた回数 5 で割ったもので，$g(X)=X/5$ で表せます。これは定数倍の典型的な例となっています。このオモテの出る割合の期待値は

$$\begin{aligned} E\left(\frac{X}{5}\right) &= \frac{0}{5}\times\frac{1}{32}+\frac{1}{5}\times\frac{5}{32}+\frac{2}{5}\times\frac{10}{32}+\frac{3}{5}\times\frac{10}{32}+\frac{4}{5}\times\frac{5}{32}+1\times\frac{1}{32} \\ &= 0.5 \end{aligned}$$

となります。これはちょうど 1 回コインを投げたときのオモテの出る確率と一致することがわかります。この計算過程を見ると容易にわかりま

すが，

　　$g(X) = aX$（a は定数）の場合には，$E[aX] = aE(X)$

が成り立ちます。また，

　　$g(X) = X + b$（b は定数）の場合には，$E\big[g(X)\big] = E(X) + b$

という関係が成り立ちます。これらの期待値の性質を用いると，$E(X)$ の値がわかれば，$E(aX)$ や $E(X + b)$ は簡単に求めることができます。

また，

$$\begin{aligned} V\left(\frac{X}{5}\right) &= E\left[\left\{\frac{X}{5} - E\left(\frac{X}{5}\right)\right\}^2\right] \\ &= \frac{1}{25}E\big[\{X - E[X]\}^2\big] = \frac{1}{25}V(X) \end{aligned}$$

となり，$\frac{X}{5}$ の分散は，X の分散 $V(X)$ の 25 分の 1 になることがわかります。平均の場合と同様に分散の性質も整理しておきますと，一般に

$$V(aX + b) = a^2V(X) \tag{3.5}$$

となり，確率変数 X を定数 a 倍すると分散は a^2 倍となり，定数 b を加えても分散の値は変化しません。これらの期待値の性質を利用することで，期待値の計算が簡単になる場合も多くあります。ここで，これらの性質をしっかり身に付けておきましょう。

演習問題

【問題 3.3】

　確率変数 X の平均が 50，分散が 100 であるとき，$Y = \dfrac{X - 50}{10}$ の平均と分散を求めなさい。

3.3 確率変数の和の分布

2 つの確率変数 X，Y の和の分布を考えてみましょう。たとえば，大小 2 つのさいころを投げて，大きいさいころの目を X，小さいさいころの目を Y とします。X と Y のペアの分布は，表 3.4 のように表すことができます。

表 3.4　大小のさいころの確率分布

		Y						
		1	2	3	4	5	6	合計
X	1	$\frac{1}{36}$	$\frac{1}{36}$	$\frac{1}{36}$	$\frac{1}{36}$	$\frac{1}{36}$	$\frac{1}{36}$	$\frac{1}{6}$
	2	$\frac{1}{36}$	$\frac{1}{36}$	$\frac{1}{36}$	$\frac{1}{36}$	$\frac{1}{36}$	$\frac{1}{36}$	$\frac{1}{6}$
	3	$\frac{1}{36}$	$\frac{1}{36}$	$\frac{1}{36}$	$\frac{1}{36}$	$\frac{1}{36}$	$\frac{1}{36}$	$\frac{1}{6}$
	4	$\frac{1}{36}$	$\frac{1}{36}$	$\frac{1}{36}$	$\frac{1}{36}$	$\frac{1}{36}$	$\frac{1}{36}$	$\frac{1}{6}$
	5	$\frac{1}{36}$	$\frac{1}{36}$	$\frac{1}{36}$	$\frac{1}{36}$	$\frac{1}{36}$	$\frac{1}{36}$	$\frac{1}{6}$
	6	$\frac{1}{36}$	$\frac{1}{36}$	$\frac{1}{36}$	$\frac{1}{36}$	$\frac{1}{36}$	$\frac{1}{36}$	$\frac{1}{6}$
	合計	$\frac{1}{6}$	$\frac{1}{6}$	$\frac{1}{6}$	$\frac{1}{6}$	$\frac{1}{6}$	$\frac{1}{6}$	1

この表は，$(X,\ Y)$ の確率分布を表しますが，一番右の合計の部分は X の確率分布を，一番下の合計の部分は Y の確率分布を表しています。次に，この表を見ながら，$X+Y$ の確率分布を作っていきます。たとえば，$X+Y=4$ となる場合は，$(X,\ Y)=(1,\ 3),\ (2,\ 2),\ (3,\ 1)$ の 3 通りの場合が考えられますので，

$$
\begin{aligned}
P(X+Y=4) &= P(X=1,\ Y=3)+P(X=2,\ Y=2) \\
&\quad +P(X=3,\ Y=1)=\frac{1}{12}
\end{aligned}
$$

となります。ここで，$P(X=1,\ Y=3)$ は $X=1$ でかつ $Y=3$ とな

表 3.5　$X+Y$ の確率分布

$X+Y$ の値	2	3	4	5	6	7	8	9	10	11	12
確率	$\frac{1}{36}$	$\frac{2}{36}$	$\frac{3}{36}$	$\frac{4}{36}$	$\frac{5}{36}$	$\frac{6}{36}$	$\frac{5}{36}$	$\frac{4}{36}$	$\frac{3}{36}$	$\frac{2}{36}$	$\frac{1}{36}$

る確率を意味します。同様にして，そのほかの場合も計算していくと，$X+Y$ の確率分布表として，表 3.5 が得られます。

この確率変数 $X+Y$ の平均と分散を求めると，

$$\begin{aligned} E(X+Y) &= 2 \times \frac{1}{36} + 3 \times \frac{2}{36} + \cdots + 12 \times \frac{1}{36} = 7 \\ V(X+Y) &= (2-7)^2 \times \frac{1}{36} + (3-7)^2 \times \frac{2}{36} + \cdots + (12-7)^2 \times \frac{1}{36} \\ &= \frac{35}{6} \end{aligned}$$

となります。実は，平均に関しては一般に

$$E(X+Y) = E(X) + E(Y) \tag{3.6}$$

が成り立ちます。そのため，$E(X)$ と $E(Y)$ がわかっていれば簡単に計算することができます。X の平均は

$$E(X) = 1 \times \frac{1}{6} + 2 \times \frac{1}{6} + 3 \times \frac{1}{6} + 4 \times \frac{1}{6} + 5 \times \frac{1}{6} + 6 \times \frac{1}{6} = \frac{7}{2}$$

となり，同様に $E(Y) = \frac{7}{2}$ となりますので，$E(X) + E(Y) = 7$ となります。次に，$X+Y$ の分散について考えます。さいころの例では，$V(X) = V(Y) = \frac{35}{12}$ となりますので，$V(X+Y)$ が $V(X) + V(Y)$ と一致しています。しかし，この分散に関する関係はいつも成り立つわけではありません。実は，さいころの例では X と Y が独立であるから，この関係が成り立っているのです。事象 A，B の独立性については第 2 章で扱いましたが，確率変数 X，Y についても独立な関係があります。さいころの例のように，

$$P(X = x, Y = y) = P(X = x)P(Y = y) \tag{3.7}$$

という関係が，すべての x，y について成り立っているときに，確率変数 X，Y は独立であるといいます。この関係が成り立ちますと，X の値とは関係なく，Y の分布がいつも同じ分布となります。この性質が重要で，分散については，

$$X \text{ と } Y \text{ が独立} \quad \rightarrow \quad V(X+Y) = V(X) + V(Y)$$

という関係が成り立ちます。統計学では，2 つの確率変数の場合だけでなく，もっと多くの確率変数が独立であることを仮定することもよくあります。その場合でも，X_1，$X_2, \ldots,$ X_n が独立であれば，

$$V(X_1 + X_2 + \cdots + X_n) = V(X_1) + V(X_2) + \cdots + V(X_n)$$

の関係が成り立ちます。

たとえば，コインを n 回投げる場合を考えましょう。確率変数 X_k を k 回目にコインを投げたときにオモテが出れば 1，ウラが出れば 0 の値をとるものと定義をします。このとき，n 回投げたときのオモテの数は，$X_1 + X_2 + \cdots + X_n$ となります。確率変数 X_k の平均と分散は

$$\begin{aligned} E(X_k) &= 0 \times \frac{1}{2} + 1 \times \frac{1}{2} = \frac{1}{2} \\ V(X_k) &= \left(0 - \frac{1}{2}\right)^2 \times \frac{1}{2} + \left(1 - \frac{1}{2}\right)^2 \times \frac{1}{2} = \frac{1}{4} \end{aligned}$$

となります。この結果を用いますと，オモテの出る回数の分布は，平均 $n/2$ で分散が $n/4$ となります。独立な確率変数の和の分散が，それぞれの分散の和で計算できるという結果は，統計学ではよく用いられています。

ただし，独立でない場合にはこの関係は成り立ちませんので独立性を仮定できるかどうかをしっかりチェックする必要があります。たとえば，次のような場合には独立ではありません。

例 3.1　1から6までの数が書かれたカードが1枚ずつあります。この6枚のカードから無作為に1枚選んだときにカードに書かれた数を確率変数Xとします。さらに，残った5枚から無作為に1枚選んだときにカードに書かれた数を確率変数Yとします。このとき，(X, Y)の分布は表3.6のようになります。このとき，$E(X) = E(Y) = 7/2$であり，$E(X+Y) = 7$となり，平均については，$E(X+Y) = E(X) + E(Y)$という関係が成り立ちます。しかし，分散については$V(X) = V(Y) = 35/12$となりますが，$V(X+Y) = 14/3$となりますので，$V(X+Y) \neq V(X)+V(Y)$となります。これは，Xの値によってYの分布が異なるため，独立ではないためです。

表 3.6　2枚のカードの確率分布

		Y						
		1	2	3	4	5	6	合計
X	1	0	$\frac{1}{30}$	$\frac{1}{30}$	$\frac{1}{30}$	$\frac{1}{30}$	$\frac{1}{30}$	$\frac{1}{6}$
	2	$\frac{1}{30}$	0	$\frac{1}{30}$	$\frac{1}{30}$	$\frac{1}{30}$	$\frac{1}{30}$	$\frac{1}{6}$
	3	$\frac{1}{30}$	$\frac{1}{30}$	0	$\frac{1}{30}$	$\frac{1}{30}$	$\frac{1}{30}$	$\frac{1}{6}$
	4	$\frac{1}{30}$	$\frac{1}{30}$	$\frac{1}{30}$	0	$\frac{1}{30}$	$\frac{1}{30}$	$\frac{1}{6}$
	5	$\frac{1}{30}$	$\frac{1}{30}$	$\frac{1}{30}$	$\frac{1}{30}$	0	$\frac{1}{30}$	$\frac{1}{6}$
	6	$\frac{1}{30}$	$\frac{1}{30}$	$\frac{1}{30}$	$\frac{1}{30}$	$\frac{1}{30}$	0	$\frac{1}{6}$
	合計	$\frac{1}{6}$	$\frac{1}{6}$	$\frac{1}{6}$	$\frac{1}{6}$	$\frac{1}{6}$	$\frac{1}{6}$	1

参考文献

[1]　前園宜彦『概説　確率統計［第2版］』サイエンス社，2009

4　2項分布モデルと割合の推定

《目標＆ポイント》　2項分布モデルは，統計解析で用いられる最もシンプルな確率分布モデルです。この章では，2項分布モデルの特徴を把握し，どのような場合にこのモデルを適用すればよいかを判断できるようになることが目標です。また，2項分布モデルを仮定した場合の統計解析方法のひとつとして，成功確率の推定方法について詳しく解説します。ここで述べる推定方法の構成の仕方は，今後取り扱う2項分布モデル以外のモデルにおける推定問題でも共通に用いられる概念ですので，まずは2項分布モデルを例として，その意味をしっかりつかんでおきましょう。
《キーワード》　2値データ，2項分布，割合の推定，信頼区間

4.1　2項分布モデルの特徴

第3章で取り扱ったコイン投げの例をもう一度考えてみましょう。5回コインを投げたときにオモテが出る回数の分布を計算する際には，次の2つの重要な仮定を用いました。

1)　コイン投げの5回の結果は，それぞれ独立である
2)　コインを1回投げたときに，オモテの出る確率は1/2である

ひとつめの独立性の仮定については，統計的なデータを考える際には頻繁に出てくる仮定です。コイン投げの場合だけでなく，なんらかの実験を繰り返し行った場合にも独立性を仮定することはよくありますし，異なるヒトやモノを測定する場合にも，それぞれの結果は独立であると仮定するのが一般的です。一方，2つめの仮定については，少し状況が異なります。ここではコイン投げを考えていますので，オモテの出る確

率を 1/2 と仮定していますが，実験や調査を行う際にこのようにはっきり確率がわかっていることはあまりありません。たとえば，バスケットボールのフリースローやサッカーのペナルティーキックが成功する確率を考える場合には，何の根拠もなく「成功確率が 1/2 である」と仮定することはできませんし，1/2 以外の値に成功確率を決めることも難しい場合が多いでしょう。この点を考慮して，このコイン投げの例を，もう少し一般化してみましょう。

まず，2 つの結果のうちどちらか一方が結果として起こるような確率的な実験を考えましょう。説明を簡単にするために，2 つの結果のうち「関心のある結果」を成功と呼ぶことにします。このような実験を独立に n 回繰り返したときの成功の回数を確率変数 X と表します。今，1 回だけ実験を行ったときにその実験が成功する確率は一定で p であるとして，そのときの確率変数 X の分布を考えましょう。ここでは，p は 1/2 でなくても構いません。

成功の回数が k 回となる場合を考えます。たとえば，最初の k 回はすべて成功し，その後の $n-k$ 回はすべて失敗する場合は成功回数が k 回となります。この場合を，成功を○，失敗を×で表すと，次のようになります。

$$\underbrace{\bigcirc\bigcirc\cdots\bigcirc}_{k}\underbrace{\times\times\cdots\times}_{n-k}$$

それぞれの結果は独立であると仮定していますので，このような結果が生じる確率は 1 回 1 回の実験の結果が生じる確率を計算し，その積を考えることで求めることができます。すなわち，

$$\begin{aligned} & p \times p \times \cdots \times p \times (1-p) \times (1-p) \times \cdots \times (1-p) \\ = \ & p^k (1-p)^{n-k} \end{aligned}$$

となります。もちろん，成功回数が k 回となるような場合は，この場合だけではありません。成功した回数が k 回となる場合は，n 回の中から成功した k 回の場所を選べばよいので，すべて書き出すと，$\binom{n}{k}$ 通り [*1] あります。それぞれの場合が生じる確率は，上と同様に $p^k(1-p)^{n-k}$ となりますので，成功回数が k 回となる確率は

$$P(X=k)=\binom{n}{k}p^k\,(1-p)^{n-k} \tag{4.1}$$

となります。このような確率変数 X の分布のことを **2 項分布** (binomial distribution) と呼びます。2 項分布は，繰り返しの回数 n と成功の確率 p によって決まりますので，$B(n,\,p)$ という記号を使って表記することにします。n や p のように分布を決定する量をパラメータと呼びます。上のコイン投げの例では，繰り返し回数 n は 5 で，成功確率 p は 0.5 ですので，コインを 5 回投げたときのオモテが出る回数の分布は 2 項分布 $B(5,\,0.5)$ となります。コイン投げ以外の例として挙げたバスケットボールのフリースローやサッカーのペナルティーキックの成功回数についても，状況に合わせて p の値をうまく設定することで 2 項分布モデルが適用できます。また，実用的な例としては，コラムで述べる内閣支持率調査においても内閣を支持する人の数の分布として 2 項分布モデルを適用することができますし，ある手術を受けた人たちの中で，その後 5 年間病気が再発しなかった人の数のような例でも 2 項分布モデルを適用することができます。このように，2 項分布モデルを仮定できるような統計的なデータは非常に多くあることがわかるでしょう。

---

*1　$\binom{n}{k}$ は n 個の中から k 個選ぶ組み合わせの数を表しています。${}_n\mathrm{C}_k$ という記号を用いることもありますが，統計学では $\binom{n}{k}$ が用いられることもあります。具体的に計算する際には，n の階乗（自然数 1 から n の積）を $n!$ とするとき，$\binom{n}{k}=\frac{n!}{k!\,(n-k)!}$ という関係があることを用います。

演習問題

【問題 4.1】

成功確率 0.3，繰り返し回数 5 回の 2 項分布モデルで，2 回成功する確率を求めよ。

内閣支持率調査

新聞やテレビのニュースで内閣支持率の話を聞いたことがあるでしょう。新聞社やテレビ局は定期的に内閣の支持率の調査を行っています。たとえば，2011 年 9 月 4 日の朝日新聞には，「野田内閣支持 53%」という見出しの記事が出ていました。この記事のベースになっているのは，朝日新聞社が 9 月 2 日夕から 9 月 3 日夜にかけて実施した全国緊急世論調査です。この調査は，全国の有権者を対象にコンピュータで無作為に電話番号を作る「朝日 RDD」方式で実施されました。対象者は無作為 3 段抽出法で選ばれ，有効回答 1051 人，回答率 59% であったことが書かれています。実際の質問項目では，「野田内閣を支持しますか。支持しませんか。」という質問が行われていました。ここでは，回答した人々は独立で，全体の内閣支持率を p とすると，この内閣支持率調査で内閣を支持していると回答した人の数に対して，繰り返し回数 1051，支持率 p の 2 項分布モデルを用いることができます。ただし，この調査の場合には，回答率が 59% であり，電話をかけた人の中で 41% が回答していないため，少し注意が必要です。厳密に言うと，ここで推定しているものは，全国の有権者での内閣支持率ではなく，「電話調査を行ったときに回答する人」の内閣支持率となっていると考えられます。このように，実際の調査ではどのような人が回答しているのかをはっきり認識しておくことも大切です。

4.2　2 項分布の平均と分散

成功確率が 0.4 の実験を 20 回繰り返したときの成功回数を X とします。このとき，X の確率分布は 2 項分布 $B(20,\ 0.4)$ であり，その確率分布のグラフは図 4.1 のようになります。このグラフを見ると，8 回成功する確率が最も高く，8 回から離れるにしたがって，確率がだんだん低くなっていることがわかります。この 8 回は，何を意味しているのでしょうか。第 3 章で述べた確率変数の平均の定義にもとづいて，X の平均を計算すると，

$$E[X] = 0 \times \left(\frac{3}{5}\right)^{20} + 1 \times 20 \times \left(\frac{2}{5}\right)\left(\frac{3}{5}\right)^{19} + \cdots + 20 \times \left(\frac{2}{5}\right)^{20} = 8$$

となります。すなわち，最も確率が高い成功回数 8 回は，X の平均と一致しているのです。実は，一般に確率変数 X の分布が 2 項分布 $B(n,\ p)$ であるとき，$E(X) = np$ となることが示せます（章末の補足に数学的な証明を付けています）。この性質を利用すると，確率変数 X の分布が 2 項分布のときには，X の平均は，繰り返し回数 n と 1 回の実験で成功する確率 p の積の形で簡単に計算でき，約 np 回成功することが起こり

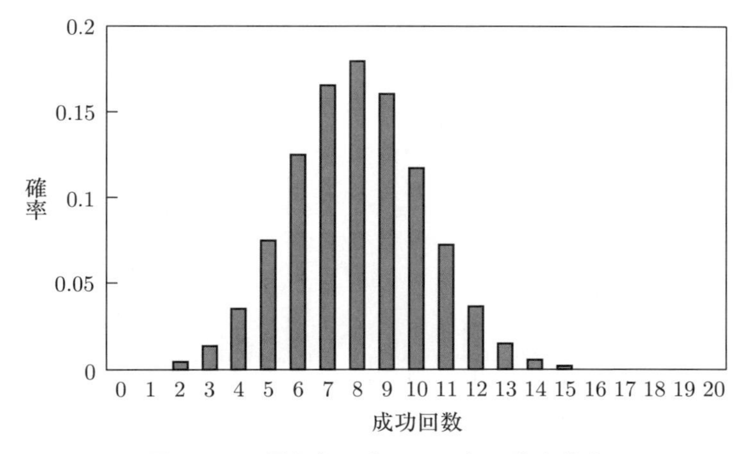

図 4.1　2 項分布 $B(20,\ 0.4)$ の確率分布

やすいことがわかります。

しかし，統計データに2項分布モデルを適用する場合には，成功確率pはわからない場合が多く，統計データからpの値を推定することが多いのです。pをデータから推定する場合には，n回の実験の中での成功した割合X/nがpの推定値として用いられます。第3章のコイン投げの例でも計算しましたが，X/nの期待値$E(X/n)$がpと等しくなりますので，X/nはpに近い値が出る可能性が高いのです。

それでは，このpの推定の問題をもう少し詳しく見てみましょう。$p=0.4$の場合を考えます。実験を5回繰り返したときの成功の割合をY_1とし，実験を10回繰り返したときの成功の割合をY_2とします。ここでは，比較しやすいように成功回数そのものではなく，成功回数の全体に占める割合を用いることにします。Y_1とY_2の分布を図4.2に示しました。どちらの場合も平均は0.4ですから，0.4に近い値が出やすくなっているのがわかります。しかし，バラツキを見るとY_2の方が若干小さくなっていることがわかるでしょう。ここで，第3章で述べた分散の定義を用いて，分布のバラツキの大きさを測ってみましょう。Y_1の分散$V(Y_1)$は0.048であり，Y_2の分散$V(Y_2)$は0.024であり，Y_2の分散はY_1の分散のちょうど半分になっていることがわかります。一般に，確率変数Xの分布が2項分布であるときには，Xの分散$V(X)$は$np(1-p)$となります（分散の計算についても章末の補足に数学的な証明を付けています）。さらに，

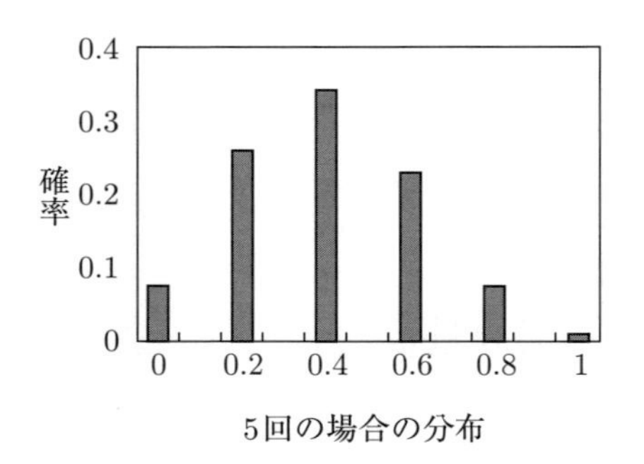

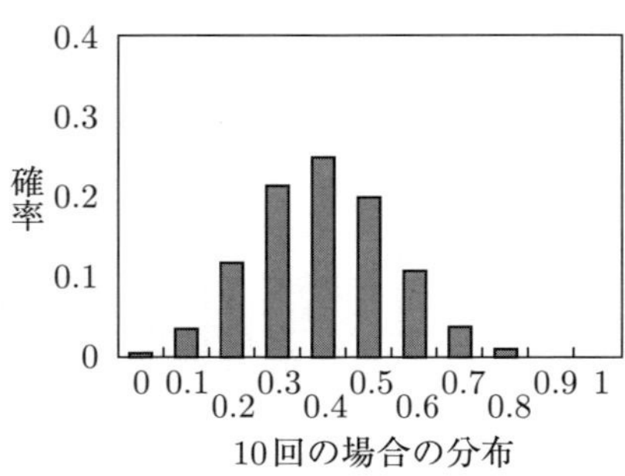

図 4.2　Y_1 と Y_2 の分布の比較

第 3 章で述べた分散の性質を利用することで，成功の割合 $Y = X/n$ の分散が計算できます。Y の分散 $V(X/n)$ は $V(X)$ に $(1/n)^2$ を掛けたものになりますので，$\dfrac{p(1-p)}{n}$ となります。

成功回数と成功割合の平均と分散

確率変数 X の分布が 2 項分布 $B(n,\,p)$ であるとき，X と $Y = X/n$ の平均と分散は次のようになります。

$$E(X) = np, \qquad V(X) = np(1-p)$$
$$E(Y) = p, \qquad V(Y) = \frac{p(1-p)}{n}$$

この結果から，実験の回数を増やすことによって，Y の分散は小さくなり，p を精度よく推定できることがわかります。このように，確率変数 X の平均や分散を求めることによって，分布の中心やバラツキ具合をつかむことができます。

演習問題

【問題 4.2】

X の分布が成功確率 0.3 で，繰り返し回数 10 回の 2 項分布 $B(10,\,0.3)$ であるとき，X の平均 $E(X)$ と分散 $V(X)$ を求めなさい。

4.3　成功確率の信頼区間

成功確率 p を推定する場合には，n 回の実験の中での成功割合を用いることで，ある程度近い推定を行うことができ，実験回数を増やすことによって，その推定精度を高めることができることがわかりました。この推定精度をもう少しわかりやすい形で表現する方法はないでしょうか。

そのひとつの方法が，**信頼区間**を用いることです。そこで，n 回実験を行った場合の成功回数 X を使って p に対する信頼区間を構成してみましょう。成功割合 X/n は p の値にある程度近い値をとりますが，p と完全に一致するわけではありません。そこで，p を推定する場合に，X/n の値だけを用いるのではなく，ある程度幅をもった区間を使って表すことで，推定の精度を表すことが，信頼区間の基本的なアイデアです。成功確率 p の信頼区間として，いろいろなものが提案されていますが，ここでは次のような比較的シンプルな信頼区間を中心に考えます [*2]。

95%信頼区間

$$\frac{X}{n} - \frac{2}{n}\sqrt{\frac{X(n-X)}{n}} \le p \le \frac{X}{n} + \frac{2}{n}\sqrt{\frac{X(n-X)}{n}} \qquad (4.2)$$

この区間は，p を含んでいる確率がおよそ 95% となるように構成されているため，これを 95% 信頼区間と呼びます。この信頼区間の構成の仕方については，ここでは詳しく説明しません。第 7 章の正規分布モデルを学習してから詳しく説明することにします。ここでは，この信頼区間の性質を見ていくことにします。

たとえば，X の分布が 2 項分布 $B(10,\ 0.4)$ の場合を考えましょう。表 4.1 は X の値，その値が生じる確

表 4.1　信頼区間の表

X の値	確率	下限	上限
0	0.006	0.000	0.000
1	0.040	−0.090	0.290
2	0.121	−0.053	0.453
3	0.215	0.010	0.590
4	0.251	0.090	0.710
5	0.201	0.184	0.816
6	0.111	0.290	0.910
7	0.042	0.410	0.990
8	0.011	0.547	1.053
9	0.002	0.710	1.090
10	0.000	1.000	1.000

*2　この信頼区間の式 (4.2) の中の $\sqrt{}$ 記号の前に $2/n$ 倍が付いています。この部分を $1.96/n$ に置き換えた信頼区間が使われることもあります。

率，そのときの p の信頼区間の下限と上限を表しています。この表を見ると，X の値が 4 のときには，95% 信頼区間は，0.090～0.710 となっています。このときには，信頼区間の中に，p の値 0.4 が含まれています。その他の場合も見ていくと，X の値が 2 以上 6 以下の場合には，95% 信頼区間の中に p の値 0.4 が含まれていますが，X が 1 以下の場合や 7 以上の場合には，信頼区間の中に 0.4 が含まれていません。信頼区間に 0.4 が含まれる $2 \leq X \leq 6$ の場合の，それぞれの確率の和は 89.9% になります。逆に信頼区間が 0.4 を含まないような X が生じる確率は 10% 程度になっていることがわかります。90% という数値は，信頼区間の構成の際に想定した 95% よりも少し小さくなっています。

繰り返し数を固定したまま，p の値を変化させて，上と同様に信頼区間が p を含む確率を調べてみます。このとき，p の値が変わったので，表 4.1 の確率の列は変化します。$p = 0.3$ のときも $2 \leq X \leq 6$ のときに，信頼区間が 0.3 を含んでおり，その確率は 84.0%，$p = 0.5$ のときには $3 \leq X \leq 7$ のときに，信頼区間が 0.5 を含んでおり，その確率は，89.1% となります。

p は異なっても信頼区間に p が含まれる確率は 80% 以上をいつも保っています。ただし，残念ながらいずれの場合も想定した 95% よりも小さい値になっています。これは，2 項分布が 0 以上 10 以下の整数値しかとらないことと，信頼区間の構成の際には繰り返し数が大きいと仮定して分布の近似を用いているのですが，繰り返し数の少ない場合にはこの近似があまりよくないことが影響したものと考えられます。

次に，信頼区間の幅に着目してみましょう。X の値が 4 のときには，信頼区間は 0.090～0.710 ですので，信頼区間の幅は 0.620 となります。これは，かなり広い信頼区間であり，割合の推定精度があまりよくないことを意味しています。ここでは，具体的に計算したり，表に示したりすることを容易にするために，少ない繰り返し回数の場合を選んでいるので仕方ありません。実際の調査では実験回数はある程度大きくすることでこの問題を解消することができます。たとえば，実験回数を 20 回にします。このとき，成功回数が 8 回の場合の 95% 信頼区間は，0.181〜0.619 となり，実験回数が 10 回のときに比べて，信頼区間の幅が 0.2 程度狭くなっていることがわかります。また，信頼区間に 0.4 が含まれる場合は，成功回数が 5 から 12 の場合で，それらの確率の合計は，0.928 となります。こちらも 95% に近づいていることがわかります。

このように，実験回数を増やすことによって，信頼区間の幅も小さくなり，実際に真の値を含んでいる確率も 95% に近づいていきます。内閣支持率調査のような実際の調査においては，繰り返し回数 n は 1000〜2000 回程度になりますので，もっと信頼区間の幅は小さくなることが期待できます。

演習問題

【問題 4.3】

コラムの内閣支持率調査の結果を用いて，内閣支持率の 95% 信頼区間を求めてみましょう。ただし，回答者数は $n = 1051$ で支持率が 53% ですので，$X = 557$ と考えてください。

最後に，もう少し大雑把な信頼区間の構成法を紹介しましょう。上の信頼区間の構成法では，信頼区間の幅は成功回数によって変化していました。ここで，

$$\sqrt{X(n-X)} \leq \frac{n}{2}$$

という性質 [*3] を使って，$\sqrt{X(n-X)}$ の部分を $n/2$ で置き換えて，少し大きめの信頼区間を構成します。このとき，95% 信頼区間は

*3 相加平均と相乗平均の関係，すなわち $a,\ b > 0$ であれば，$\sqrt{ab} \leq \frac{a+b}{2}$ を用いています。

$$\frac{X}{n} - \frac{1}{\sqrt{n}} \leq p \leq \frac{X}{n} + \frac{1}{\sqrt{n}}$$

となります。この信頼区間を用いると，信頼区間の幅は繰り返し回数だけで決めることができますし，とてもシンプルな形になります。もちろん，この信頼区間は少し大雑把ですので，実際の p の値を推定する際には使えませんが，およその目安として用いることはできるでしょう。たとえば，$n = 1600$ であれば，$1/\sqrt{n} = 0.025$ ですから，調査結果の推定値 X/n に $\pm 2.5\%$ を付けることで信頼区間の上限と下限を求めることができます。新聞社やテレビ局の調査では，2000 人弱を対象にした調査が多くありますので，そのときの信頼区間の幅はおおよそ $\pm 2.5\%$ くらいの幅になっていると思ってもらって結構です。新聞やテレビでは，信頼区間が与えられていない場合もありますので，そのときには，この方法を使って補ってみてください。調査や実験を計画する段階では，この信頼区間の式を用いて繰り返し回数を決めることもできます。たとえば，信頼区間の幅を 5% 程度にするには

$$\frac{2}{\sqrt{n}} = 0.05$$

を満たすように n を決めればよいわけです。このとき，n は $(2/0.05)^2 = 1600$ となります。

この章では，2 項分布モデルを取り扱いました。2 項分布モデルは非常に適用範囲の広い確率分布モデルですので，2 項分布モデルを適用する際の 2 つの仮定をしっかり整理しておきましょう。また，信頼区間を構成するときには，他のモデルでも同じようなアイデアを用いますので，その意味をしっかり把握しておきましょう。

補足　- 2 項分布の平均と分散 -

確率変数 X の確率分布が 2 項分布 $B(n,\ p)$ の場合の X の平均および分散について，$E(X) = np$，分散 $V(X) = np(1-p)$ となることを証明します。その前に準備として，2 項定理を紹介しましょう。2 項定理は $(a+b)^2$ や $(a+b)^3$ の展開を一般化したもので，

$$(a+b)^n = \sum_{i=0}^{n} \binom{n}{i} a^i\, b^{n-i}$$

で与えられます。ここでは，$a = p$，$b = 1-p$ を代入した場合の

$$\sum_{i=0}^{n} \binom{n}{i} p^i (1-p)^{n-i} = 1$$

という関係を用います。ただし，ここでの n は自然数であればなんでも構いません。また，組み合わせの性質として，

$$x\binom{n}{x} = x\frac{n!}{x!\,(n-x)!} = n\,\frac{(n-1)!}{(x-1)!\,\{(n-1)-(x-1)\}!} = n\binom{n-1}{x-1}$$

を用います。それでは，まず，平均の計算をしましょう。定義より

$$E(X) = \sum_{x=0}^{n} x\binom{n}{x} p^x (1-p)^{n-x}$$

で与えられます。ここで，$x = 0$ の場合を除外し，上の組み合わせの性質を利用すると

$$= \sum_{x=1}^{n} n\binom{n-1}{x-1} p^x (1-p)^{n-x}$$

$i = x-1$ として，np を $\sum$ の外に出すと，

$$= np\sum_{i=0}^{n-1} \binom{n-1}{i} p^i (1-p)^{(n-1)-i} = np$$

となります。ただし，最後の等式は，2 項定理を用いています。

次に，平均と同じように，$E[X(X-1)]$ を計算してみましょう。

$$\begin{aligned} E\big[X(X-1)\big] &= \sum_{x=0}^{n} x(x-1)\binom{n}{x}p^x(1-p)^{n-x} \\ &= \sum_{x=2}^{n} n(n-1)\binom{n-2}{x-2}p^x(1-p)^{n-x} \\ &= n(n-1)p^2\sum_{i=0}^{n-2}\binom{n-2}{i}p^i(1-p)^{(n-2)-i} \\ &= n(n-1)p^2 \end{aligned}$$

ここでの計算のプロセスは，平均の場合とほぼ同じです。この結果を用いると，X の分散は次のように求めることができます。

$$\begin{aligned} V(X) &= E\Big[\big\{X-E(X)\big\}^2\Big] \\ &= E\Big[X(X-1)+\big\{1-2E(X)\big\}X+E(X)^2\Big] \\ &= n(n-1)p^2+(1-2np)np+n^2p^2 \\ &= np(1-p) \end{aligned}$$

ここでは，$E(X)=np$ を用いていることに注意しましょう。

参考文献

[1]　竹内啓，藤野和建『2 項分布とポアソン分布』東京大学出版会，1981

5　多項分布モデルと統計的検定

《目標＆ポイント》　この章では，2項分布モデルの自然な拡張として，多項分布モデルを紹介します。多項分布モデルは結果が3つ以上に分類されたデータに適用するモデルで，2項分布モデルと密接な関わりをもっています。ここでは，2項分布モデルとの関わりを中心に多項分布モデルの性質を理解しましょう。また，多項分布モデルの適用例として，クロス表の解析を取り上げます。特に，2×2 表の独立性の検定は，幅広く用いられている手法ですので，この手法自身をしっかり身に付けることも大切です。また，この手法を通して統計学では必修の統計的検定の考え方をマスターすることも重要です。統計的検定特有の用語もいくつか出てきますので，これらの用語も使いこなせるようにしましょう。

《キーワード》　クロス表，統計的検定，帰無仮説，有意水準，p 値

5.1　多項分布モデル

第4章では，「オモテが出るか」「ウラが出るか」というように，1回の実験結果が2つに分けられる場合を考えました。統計的な調査を行うと，結果が2つに分けられない場合もあります。次の例を考えてみましょう。

例 5.1　平成28年度に実施された社会生活基本調査では，調査票の質問項目の中に，次のようなものがありました。

住居の種類

持ち家	民営の賃貸住宅	都市再生機構・公営の賃貸住宅	給与住宅（社宅・公務員住宅など）	住宅に間借り・寄宿舎・その他

この例では，回答の選択肢は 2 つではなく 5 つあります。そのため，直接 2 項分布モデルを適用することができません。そこで，結果が 3 つ以上に分けられる場合の確率分布モデルを考えましょう。一般的な場合を考えるため，選択肢の数を K として，n 人を調査した場合に k 番目の選択肢を回答した人の数を確率変数 X_k で表します $(k = 1, 2, \ldots, K)$。調査された n 人の回答はそれぞれ独立であると仮定します。また，どの回答者も k 番目の選択肢を選ぶ確率は同じであると仮定し，それを p_k と表します。このとき，k 番目の選択肢を選んだ人が x_k 人いる場合を考えると，2 項分布の場合と同様に，n 人を x_1 人，x_2 人，…，x_K 人に分ける組み合わせの数に，それぞれの場合が生じる確率を掛けることで，そのような人数の組み合わせが生じる確率を計算できます。具体的には，

$$
\begin{aligned}
&P(X_1 = x_1, X_2 = x_2, \ldots, X_K = x_K) \\
&= \binom{n}{x_1\ x_2\ \ldots\ x_K} p_1^{x_1} p_2^{x_2} \cdots p_K^{x_K}
\end{aligned}
\tag{5.1}
$$

となります。ここで

$$
\binom{n}{x_1\ x_2\ \ldots\ x_K} = \frac{n!}{x_1!\,x_2! \cdots x_K!}
$$

であり，n 人を x_1 人，x_2 人，…，x_K 人に分ける組み合わせの数を表します。この確率分布モデルのことを，**多項分布モデル**といいます。$K = 2$ の場合は 2 項分布モデルと一致しますので，多項分布モデルは 2 項分布モデルのひとつの拡張と考えることができます。

例 5.2　1 から 6 の目をもつさいころを考えます。すべての目が「同程度の確からしさ」で出ることを仮定します。今，1，2，3 の目には赤いシールを貼り，4，5 の目には青いシールを，6 の目には黄色いシールを貼ります。このさいころを 6 回投げたときの結果をそれぞれのシールの色が

何回出たかで分類して考える場合には，シールの色が 3 種類ですので多項分布モデルを考えます。赤いシールが出る確率は 1/2 で，青いシールが出る確率は 1/3, 黄色いシールが出る確率は 1/6 ですので，6 回投げたときに，赤いシールの目が 3 回，青いシールの目が 2 回，黄色いシールの目が 1 回出る確率は，

$$\begin{aligned}&\binom{6}{3\ 2\ 1}\left(\frac{1}{2}\right)^3\left(\frac{1}{3}\right)^2\left(\frac{1}{6}\right)\\ =&\ \frac{6!}{3!\times 2!\times 1!}\times\frac{1}{2^3\times 3^2\times 6}=\frac{5}{36}\end{aligned}$$

のように求めることができます。

次に，多項分布モデルの性質を見ていきましょう。K 個の選択肢がありますが，その中で 1 番目の選択肢だけに着目して，確率変数 X_1 の分布を考えます。$X_1 = x_1$ という事象は，X_2 から X_K については，特に条件を付けてはいませんので，$X_2 + X_3 + \cdots + X_K = n - x_1$ を満たしていればよいことになります。そこで，この条件を満たす $x_2, x_3, \ldots, x_K$ の組み合わせに対して確率の和を考えます。そうすると，次の関係が示せます。

$$\begin{aligned}P(X_1 = x_1) &= \sum_{x_2+\cdots+x_K=n-x_1} P(X_1 = x_1,\ X_2 = x_2, \ldots, X_K = x_K)\\ &= \binom{n}{x_1} p_1^{x_1}(1-p_1)^{n-x_1}\end{aligned}$$

となります。ここではきちんとした証明は省略しますが，章末の補足に $K = 3$ の場合の証明を付けておきます。この X_1 の分布は第 4 章で扱った 2 項分布になっています。このように，複数の確率変数のうち，その一部の確率変数の分布を考えるとき，その分布を周辺分布といいます。他の確率変数 X_k についても同様のことがいえますので，一般に X_k の周

辺分布は 2 項分布 $B(n,\, p_k)$ となります。この結果から，2 項分布の性質より，確率変数 X_k の平均は np_k，分散が $np_k(1-p_k)$ となることが導けます。また，p_k だけを推定したい場合には，2 項分布モデルの解析手法を適用して，p_k の推定値や信頼区間を構成することが可能です。

多項分布モデルの場合には，X_1，X_2，...，X_K の K 個の確率変数があります。これらの変数の間の関係を次に見ていきましょう。2 つの変数の間の関係をみる指標に共分散があります。たとえば，2 つの確率変数 X，Y を考え，X と Y の平均をそれぞれ m_X，m_Y とします。このとき，X と Y の共分散 $\mathrm{Cov}(X,\, Y)$ を，次の式で定義します。

$$\mathrm{Cov}(X,\, Y) = E\big[(X-m_X)(Y-m_Y)\big] \tag{5.2}$$

共分散は，「X が大きくなると Y も大きくなる」という傾向があるときには正の値を，「X が大きくなると Y が小さくなる」という傾向があるときには負の値をとります。特に，X と Y が独立の場合には，$\mathrm{Cov}(X,\, Y)=0$ が成り立ちます *1。多項分布モデルにおいては，確率変数 X_i と X_j の共分散は

$$\mathrm{Cov}(X_i,\, X_j) = -np_ip_j \tag{5.3}$$

となりますので，「一方が大きくなれば他方は小さくなる」という傾向があることがわかります。合計が n に固定されていますので，両方大きくなることは難しいことから，この性質を解釈できるでしょう。

少し話は変わりますが，共分散が出てきましたので，第 3 章で扱った確率変数の和の分散の問題にもう一度触れておきましょう。第 3 章では，X と Y が独立な場合には，$X+Y$ の分散が X の分散と Y の分散の和で表されることを紹介しました。しかし，X と Y が独立でない場合には

---

*1　$\mathrm{Cov}(X,\, Y)=0$ だからといって，X と Y が独立であるとは限りません。

この関係は成り立っていません。X と Y が独立でない場合も含めて考えますと，$X+Y$ の分散は次のような形になります。

$$V(X+Y)=V(X)+V(Y)+2\,\mathrm{Cov}(X,\,Y) \tag{5.4}$$

X と Y が独立な場合には $\mathrm{Cov}(X,\,Y)=0$ となりますので，共分散の項が消えて $X+Y$ の分散は X の分散と Y の分散の和になります。この結果が第 3 章で紹介した結果です。

5.2 クロス表の解析

例 5.3 日本公衆衛生雑誌において，4 ヶ月検診に来た 163 人の母親を対象に行われた育児不安に関する調査の結果が報告されていました [*2]。この調査では，163 人の母親に「育児不安はあるか」「職業をもっているか」という質問を行っていました。この 2 つの質問は 2 者択一ですので，この 2 つの質問の間の関係を調べるには表 5.1 のようにその回答結果によって 163 人の母親を 4 つのグループに分けた表が用いられます。

表 5.1 職業の有無と育児不安の関係

		育児不安 あり	なし	合計
職業	あり	51	15	66
	なし	78	19	97
	合計	129	34	163

例 5.3 のように，全体を 2 つの観点で分類している表をクロス表と呼びます。例 5.3 では，どちらの質問も 2 つの選択肢ですので，横が 2 行で

*2 日本公衆衛生雑誌第 52 巻第 4 号 328–337 頁。

縦が 2 列となりますので，**2 × 2 表**とも呼ばれます。さて，このようなクロス表でまとめられたデータにはいくつかのタイプがあります。例 5.3 では，163 人の母親を調べて，その回答結果によって 4 つのグループに分けています。この場合には，一人ひとりの母親は独立であると考えることによって，4 つの項をもつ多項分布モデルを適用することができます。もし，調査の方法が職業をもっている母親と職業をもっていない母親を別々に調査している場合には，それぞれのグループごとに 2 項分布モデルを適用することになります。このように，同じ形の表にまとめられる場合でも調査の方法によって適用する確率分布モデルが異なる場合があります。

ここでは，多項分布モデルを用いて，このクロス表の分析について考えていくことにします。例 5.3 のような場合には，職業の有無と育児不安の有無の間に関連があるかどうか，という点に最も関心があります。もし，関連がある場合には，職業をもっている人ともっていない人の間で育児不安を感じている人の割合に違いがあることになるでしょう。このデータの場合には，職業をもっている人の中で育児不安のある人が 77.3% で，職業をもっていない人の中では 80.4% となっています。若干職業をもっていない人の方が育児不安のある人の割合が高くなっていますが，その差は 3.1% 程度ですからそれほど大きな差とはいえないかもしれません。

そこで，職業の有無は育児不安の有無とは関連がないというモデルを考えてみましょう。表 5.2 のように，4 つの確率変数 X_{11}, X_{10}, X_{01}, X_{00} を考えます。この 4 つの確率変数に，多項分布モデルを仮定し，それぞれの確率を $p_{11}, p_{10}, p_{01}, p_{00}$ とします。ここで職業の有無と育児不安の有無は関連がないと仮定します。このとき，職業があってもなくても育児不安をもつ確率は変化しないので，職業がある確率を p，育児不安をもつ確率を q としますと，

表 5.2　観測度数と期待度数

		育児不安	
		あり	なし
職業	あり	X_{11}	X_{10}
	なし	X_{01}	X_{00}

観測度数

		育児不安	
		あり	なし
職業	あり	$n\hat{p}\hat{q}$	$n\hat{p}(1-\hat{q})$
	なし	$n(1-\hat{p})\hat{q}$	$n(1-\hat{p})(1-\hat{q})$

期待度数 (m)

$$p_{11}=pq,\ \ p_{10}=p(1-q),\ \ p_{01}=(1-p)q,\ \ p_{00}=(1-p)(1-q)$$

という関係が成り立ちます。このような関係が成り立つとき職業と育児不安は独立であると呼ぶこともあります。このような関係を仮定することは，多項分布モデルにさらに制限を加えているため，バラツキを表現した確率モデルというよりも，確率の間の関係をモデル化した統計モデルと考えた方がよいでしょう。

この統計モデルを仮定し，p と q を推定します。p は職業をもっている確率，q は育児不安をもっている確率ですので，全体の人数を n としますと，p，q は，

$$\hat{p}=\frac{X_{11}+X_{10}}{n},\ \ \hat{q}=\frac{X_{11}+X_{01}}{n}$$

で推定できます。統計モデルにおいて，それぞれの確率変数の確率をこの推定量を使って表すことで，X_{ij} の平均 m_{ij} を推定できます。この m_{ij} を**期待度数**と呼び，具体的には表 5.2 のようになります。

この統計モデルが成り立つかどうかを調べるには，この統計モデルを用いて計算した期待度数と実際に観測されたデータ（**観測度数**）との適合の具合を調べる必要があります。観測度数と期待度数のズレを表現する方法のひとつに次のピアソンの**カイ 2 乗統計量**があります。

ピアソンのカイ 2 乗統計量

$$\frac{(X_{11}-m_{11})^2}{m_{11}}+\frac{(X_{10}-m_{10})^2}{m_{10}}+\frac{(X_{01}-m_{01})^2}{m_{01}}+\frac{(X_{00}-m_{00})^2}{m_{00}}$$

例 5.3 のデータを用いてピアソンのカイ 2 乗統計量を計算しますと，0.235 となり，0 より少し大きくなっています。実際のデータでは，モデルが正しい場合でも観測度数と期待度数が完全に一致するわけではありません。そこで，コンピュータシミュレーションを行って，独立性が成り立つモデルでのカイ 2 乗統計量の分布を調べてみました。2 つの質問が独立であるという仮定を満たす多項分布モデルの乱数を用いて，1000 個の表を発生させ，それぞれについてピアソンのカイ 2 乗統計量を計算しますと，図 5.1 のようなヒストグラムができました。

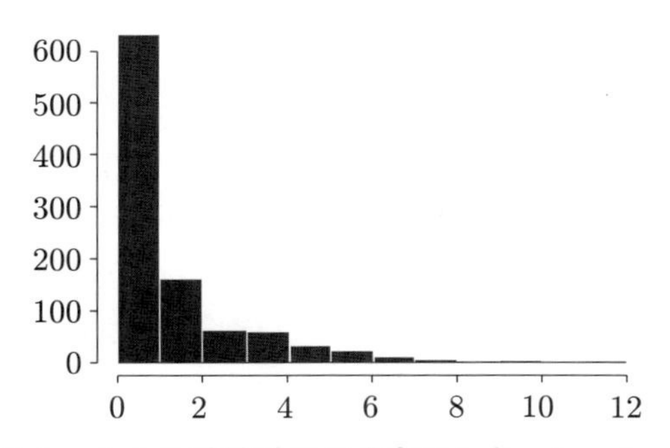

図 5.1　カイ 2 乗統計量の分布のシミュレーション

この独立な統計モデルが正しい場合に，0 以上 0.5 未満の値が出る可能性が一番高いので，例 5.3 のカイ 2 乗統計量の値 0.235 は独立な場合でもよく生じる結果であることがわかります。もし，ピアソンのカイ 2 乗統計量の値が大きく，シミュレーション結果と比べたときに「めったに起こらない」ようなズレがあるときには，2つの質問の回答の間には関連があると判断します。

ここでは，$\hat{p}$，$\hat{q}$ の値を真の値として，シミュレーションを行っているわけですが，実は2つの因子が独立であるという条件を満たしていれば，p，q の値には関係なくピアソンのカイ2乗統計量の分布はほとんど同じ分布になり，自由度1の**カイ2乗分布**に近い分布となります。カイ2乗分布については第8章で詳しく説明しますので，ここではある特定の分布になると考えてもらって結構です。自由度1のカイ2乗分布では，3.841以上の値が出る確率が5%になるという性質だけを用います。

これまで，「2つの質問に対する答えは独立である」と仮定して話を進めてきました。そして，例5.3のデータでは，カイ2乗統計量が0.235ですので，独立な場合でも十分起こり得るデータとみることができます。しかし，データによってはカイ2乗統計量が大きな値となり，独立であると仮定したときにはめったに起こらないデータが生じることがあります。そして，この「めったに起こらない」かどうかを判断する際に確率5%以下という基準がよく用いられます。先ほどの自由度1のカイ2乗分布を用いると，ピアソンのカイ2乗統計量が3.841以上となる場合が確率5%となります。ただし，この確率は2つの質問の回答が独立であると仮定した場合のものですから，独立でなければピアソンのカイ2乗統計量が3.841以上となる確率はもっと高くなるのです。

例 5.4　例5.3と同じ調査で，育児知識の情報源に関する質問項目がありました。この質問項目で，育児雑誌を挙げている母親とそうでない母親に分けて調べますと，表5.3のような結果となります。この例において，ピアソンのカイ2乗統計量を計算しますと，5.653であり，シミュレーション結果と比べると，大きな値を示していることがわかります。このことは，育児雑誌を情報源としているかどうかということと育児不安の有無とが独立であると仮定しますと，このようなズレのあるデータはほとんど起こらないことを示しています。そのため，この場合には，2 つの質問項目の間にはなんらかの関係があると，考えてもよいでしょう。

表 5.3　育児雑誌と育児不安の関係

		育児不安		
		あり	なし	合計
育児雑誌	はい	72	12	84
	いいえ	60	25	85
	合計	132	37	169

例 5.4 の結果は，関連があることを示しているだけで，因果関係を示しているわけではありません。そのため，育児雑誌を読まないように推奨しても，必ずしも育児不安の解消に繋がるとはいえないわけです。育児雑誌に頼らざるを得ない状況であること自体が育児不安の原因であることも考えられるわけです。このように，クロス表の解析だけでは因果関係を示すことはできない，という点は気をつけておいてください。

クロス表を用いた分析は，適用範囲も広くさまざまな手法が提案されています。もう少し詳しく勉強したい方には，章末の参考文献を読むことをお勧めします。

5.3　統計的検定の考え

クロス表の解析で用いた考え方は，統計解析ではよく見られる方法です。ここでは，統計用語の説明も入れながら，クロス表の解析を振り返ってみましょう。

最初に，確率モデルの選定を行います。確率モデルについては，これまでにも詳しく述べていますが，データの確率的なバラツキを表現するためには必須のモデルです。例 5.3 では多項分布モデルを適用しています。

次に，帰無仮説を設定します。帰無仮説は確率モデルに特別な条件を付けたモデルです。多くの場合，実験や調査の目的はこの帰無仮説を否定することにあります。そのため，帰無という言葉が用いられています。例 5.3 では，「2 つの質問項目に対する答えは独立である」という仮説が帰無仮説に当たります。

帰無仮説が決まりますと，データがどの程度帰無仮説からズレているかを測るような統計量を選びます。一般的には，帰無仮説に近いデータのときには小さな値をとり，ズレが大きい場合には大きな値をとるような統計量が選ばれることがほとんどです。例 5.3 では，ピアソンのカイ 2 乗統計量を用いています。

統計的検定の考え	例 5.3 の分析
確率モデルの選定	多項分布モデル
帰無仮説の設定	独立モデル
統計量の決定	ピアソンの カイ 2 乗統計量
帰無仮説のもとでの 統計量の分布	シミュレーション または自由度 1 の カイ 2 乗分布
有意水準の決定	5% とする
棄却域の設定	カイ 2 乗統計量 ≥ 3.841
統計的判断	独立性のモデルの容認

次に，帰無仮説のもとで，統計量の分布を求めます。最初に設定した確率モデルを使って計算するのですが，この部分はかなり数学的な計算が必要ですし，近似的な計算を必要とする場合もあります。ただし，状況に合わせて，統計量の決定法や帰無仮説での分布の計算法が提案されていることが多いので，解析するデータに合うものが見つかれば，それを適用すれば大丈夫です。例 5.3 では，自由度 1 のカイ 2 乗分布を近似的に用いています。

ここから，データを用いた判断の段階に入ってきます。まず，判断の基準として，「めったに起こらない」ことを確率を使って表現します。この確率の値を**有意水準**と呼んでいます。有意水準としては 5% が用いられることが多いのですが，状況によっては，1% や 0.1% が用いられることもあります。この有意水準に合わせて，帰無仮説を否定する範囲を決めます。統計学では，帰無仮説を否定することを「棄却する」といいますので，この範囲のことを**棄却域**といいます。自由度 1 のカイ 2 乗分布では，3.841 以上の値をとる確率がちょうど 5% となりますので，棄却域はピアソンのカイ 2 乗統計量が 3.841 以上となります。

最後に観測された統計量の値を求めて，その値が棄却域に入っていれば，帰無仮説を棄却します。逆に，棄却域に入っていなければ帰無仮説を受け入れます。ただし，この判断方法では，帰無仮説を受け入れても，帰無仮説が正しいと積極的にいっているのではありません。ここでは，帰無仮説が正しいときの統計量の分布しか考えていませんので，帰無仮説が正しくない場合については，わかっていることは少ないのです。その点は注意しておきましょう。

上の方法では，統計量の値と棄却域を比較して統計的な判断を行っていますが，もうひとつ別の判断の方法が用いられる場合もあります。この方法では，統計量が観測されると，その値よりも帰無仮説とのズレが大きな統計量が得られる確率を帰無仮説のもとで計算します。この値は**p 値**と呼ばれています。この p 値を計算すれば，p 値が有意水準よりも小さければ帰無仮説を棄却し，有意水準よりも大きければ帰無仮説を棄却しない，という形で統計的な判断を行うことが可能となります。有意水準としては多くの場合 5% が用いられますので，p 値と 5% を比較すればよいため，非常に便利です。今では，多くの統計ソフトウエアで p 値が出力されますので，この判断基準も身に付けておくとよいでしょう。しかし，帰無仮説が正しくないときには，帰無仮説とのズレが同じであっても，標本の大きさ n が大きくなると p 値は小さくなり，帰無仮説が棄却されやすくなります。この性質は，調査する人に帰無仮説を棄却するにはより多くのデータを集めようという意欲を与えてくれます。しかし，その一方で p 値が小さいほど帰無仮説から大きく離れているという誤解を招く場合もありますので，注意しておきましょう。

最後にもうひとつ例を挙げておきます。

例 5.5 痛みを和らげる効果のある薬 A，B があります。40 人の患者を無作為に 20 人ずつに分け，一方のグループには薬 A を投与し，もうひとつのグループには薬 B を投与して，1 時間後に痛みが緩和されたかどうかを調べたところ，次のような結果となりました。

	緩和された	痛みあり	合計
薬 A	6	14	20
薬 B	10	10	20

この例では，薬 A と薬 B を投与したグループそれぞれに対して，痛みを緩和された人数は 2 項分布であるというモデルを考えます。そして，それぞれのグループで緩和される確率 p_A と p_B が等しいかどうかを考えることになります。例 5.3 や例 5.4 とは用いる確率モデルが違いますが，まったく同じ方法で，p_A と p_B が等しいかどうかを判断することができます。まず，ピアソンのカイ 2 乗統計量を計算しますと，1.67 となります。この値は 3.841 より小さいので，p_A と p_B が異なるとは言えないという判断になります。

この章では多項分布モデルを取り扱いました。多項分布モデルは，2 項分布モデルを拡張したモデルとして考えられます。ここではクロス表の話を中心に説明しましたが，多項分布モデルを用いる場合は他にも多くあります。また，統計的検定の考え方も非常に重要な考え方ですので，その意味をしっかり把握しておきましょう。

補足　- $P(X_1 = x_1)$ の導出（$K = 3$ の場合）-

(X_1, X_2, X_3) の分布は，全体数 n，それぞれの確率が (p_1, p_2, p_3) の多項分布とします。このとき，X_1 の周辺分布を考えると

$$\begin{aligned} P(X_1 = x_1) &= \sum_{i=0}^{n-x_1} P(X_1 = x_1,\ X_2 = i,\ X_3 = n - x_1 - i) \\ &= \sum_{i=0}^{n-x_1} \frac{n!}{x_1!\, i!\, (n - x_1 - i)!} p_1^{x_1} p_2^{i} p_3^{n-x_1-i} \\ &= \frac{n!}{x_1!\,(n - x_1)!} p_1^{x_1} \sum_{i=0}^{n-x_1} \frac{(n - x_1)!}{i!\,(n - x_1 - i)!} p_2^{i} p_3^{n-x_1-i} \\ &= \frac{n!}{x_1!\,(n - x_1)!} p_1^{x_1} (1 - p_1)^{n-x_1} \end{aligned}$$

となります。

演習問題

【問題 5.1】

例 5.3 にもとづいて，職業があり，育児不安がある母親の割合の 95% 信頼区間を求めよ。

【問題 5.2】

ある地区において，中心となる都市の出身者かどうかと県内就職を希望するかどうかの間の関連を調べるために質問紙調査を実施した。その

結果として，次のようなデータが得られた。この結果に対して，ピアソンのカイ 2 乗統計量を計算すると 0.0067 となりました。このことから，出身市と県内就職希望の間に関連があると言えるかどうか，有意水準 5% で判断しなさい。

	県内希望	県外希望	合計
中心市出身	52	170	222
その他	39	125	164
合計	91	295	386

参考文献

[1] Alan Agresti 著 渡辺裕之他訳『カテゴリカルデータ解析入門』サイエンティスト社，2003

[2] 廣津千尋『離散データ解析』教育出版，1982

[3] 柳川堯『離散多変量データの解析』共立出版，1986

6 ポアソン分布モデル

《目標&ポイント》 ポアソン分布モデルは，偶然に起こる事象の件数に対する確率分布モデルとしてよく用いられるモデルです。この章では，ポアソン分布のバラツキの特徴や平均や分散といった特性値を調べていきます。また，2 項分布モデルの極限として，ポアソン分布モデルを見る視点や適合度を調べる検定についても紹介します。さらに，医学研究の中から具体的な適用例を 2 つ取り上げます。ここでは，ポアソン分布をどのような場合に適用すればよいかをしっかり把握してください。
《キーワード》 平均，分散，散布度の検定，罹患率，標準化死亡率比

6.1 ポアソン分布モデル

第 4 章や第 5 章では，繰り返し行った実験や調査の結果を 2 つあるいは 3 つ以上のグループに分けるような状況に適用する確率分布モデルを考えてきました。しかし，1 日に起こる交通事故件数や 1 日に生まれる子どもの数のように，偶然発生する事象の数を調査する場合もあります。この場合に用いられる確率分布モデルのひとつにポアソン分布モデルがあります。ポアソン分布モデルでは，事象の発生回数を確率変数 X と表すとき，

$$P(X=x)=\frac{\lambda^x}{x!}\,e^{-\lambda}\ (x=0,\ 1,\ 2,\ \ldots) \tag{6.1}$$

であると仮定します。この式の中で，e は自然対数の底 [*1] として用いられる定数です。また，λ[*2] はパラメータで，λ が大きくなると発生回数が

*1 自然対数の底は，$\lim_{n\to\infty}\left(1+\frac{1}{n}\right)^n$ で定義される定数で，具体的には約 2.718 という値をとります。

*2 λ はギリシャ文字でラムダと発音します。

多くなる傾向があり，λ の値を動かすことでデータに合ったモデルにすることができます。

ここで，λ の値をいろいろ動かして，分布がどのように変化するのかを調べてみましょう。図 6.1 は，λ の値として，0.5, 1, 2, 5, 10 の場合の分布を折れ線グラフで表しています。$\lambda = 0.5$ のときには，X が 0 である可能性が一番高く，X の値が増えるにしたがって可能性が小さくなっていくことがわかります。また，$\lambda > 1$ のときには，ある値でピークとなるようなひと山の分布をしており，λ の値が大きくなるにつれて，山が右に動いていくことがわかります。

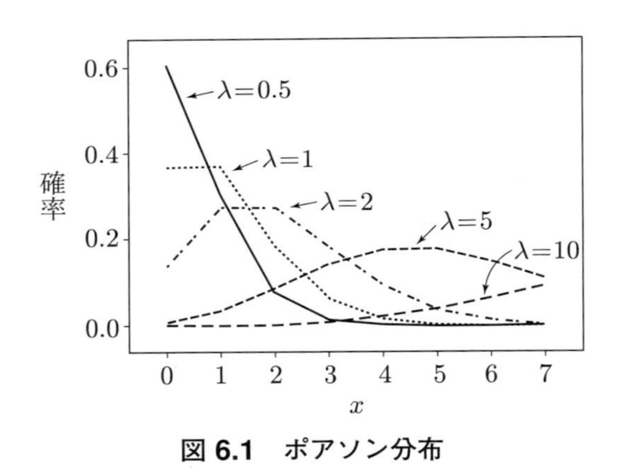

図 6.1　ポアソン分布

例 6.1　ある地区で 2016 年 11 月に発生した交通死亡事故件数を調べたところ 22 件でした。この 22 件を日別に集計してみると，次の表のような結果になりました。

事故件数	0 件	1 件	2 件	3 件	4 件以上
日数	14	11	4	1	0

例 6.1 において，どの日の交通死亡事故件数に対しても同じポアソン分布モデルを仮定します。このとき，最もよく当てはまる λ を求めると，$\lambda = 0.73$ となります。この λ の求め方については，後で説明します。$\lambda = 0.73$ のポアソン分布を仮定したときの，1 日の交通死亡事故件数毎の期待度数と実際に観測された数を棒グラフに表すと，図 6.2 のようになります。

このグラフを見ると，実際に観測された事故件数と期待度数がよく似た値であることがわかります。また，ポアソン分布モデルでは，確率変数 X は 0 以上の整数全体で値をとる可能性がありますが，$\lambda = 0.73$ のときには 4 以上の値が出る可能性は非常に低く，ほとんど起こらないことがわかります。

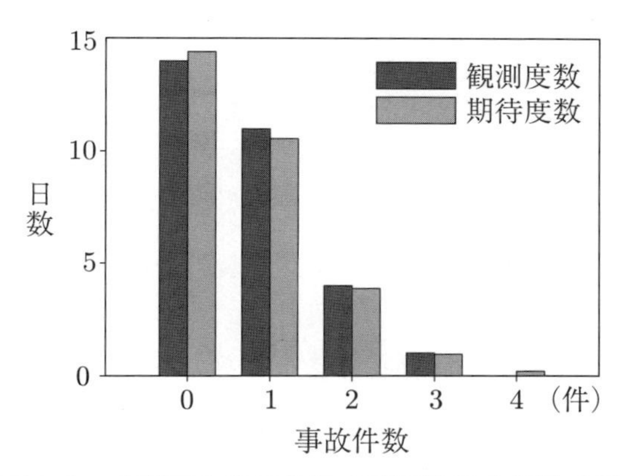

図 6.2　交通死亡事故件数の観測度数と期待度数

6.2　ポアソン分布の平均と分散

ポアソン分布の特徴を把握するために，確率変数 X がポアソン分布に従う場合の平均と分散を考えましょう。第 3 章の確率変数の平均の定義

は，とり得る値が有限個の場合について考えていますが，それを無限個ある場合に拡張して考えます。このとき，X の平均は

$$
\begin{aligned}
E(X) &= 0 \times \frac{\lambda^0}{0!} e^{-\lambda} + 1 \times \frac{\lambda}{1!} e^{-\lambda} + \cdots + k \times \frac{\lambda^k}{k!} e^{-\lambda} + \cdots \qquad (6.2)\\
&= \lambda e^{-\lambda} \left(1 + \frac{\lambda}{1!} + \frac{\lambda^2}{2!} + \cdots + \frac{\lambda^{k-1}}{(k-1)!} + \cdots\right)\\
&= \lambda
\end{aligned}
$$

となります。ここでは，e^{λ} を λ の多項式に展開した式が

$$
e^{\lambda} = 1 + \frac{\lambda}{1!} + \frac{\lambda^2}{2!} + \cdots + \frac{\lambda^{k-1}}{(k-1)!} + \cdots
$$

となることを用いています。

この結果から，X の平均は λ と等しいので，λ を平均パラメータと呼ぶことにします。一方，X の分散も実は λ となります。この計算は少し複雑ですので，詳しい証明は章末に付けることにします。ポアソン分布の場合には，平均と分散が一致し，λ と等しいという性質をもっているわけです。これはポアソン分布の特徴のひとつです。

例 6.1 では，30 日間の交通死亡事故件数の合計は，1 件の日が 11 日，2 件の日が 4 日，3 件の日が 1 日ですので，22 件になります。これを 30 日で割ることで平均が 0.73 となります。そのため，それぞれの件数の期待度数を計算する際には，この平均値を λ の推定値として用いました。このように，ポアソン分布の λ の推定量としては，データの平均を用います。

第 4 章でも書きましたようにデータの平均がいつも λ と一致するわけではありません。データの平均は測定ごとにバラツクからです。その推定誤差を考慮するために，信頼区間を紹介しましょう。まず，データのサイズを n として，それぞれの日の事故件数を $X_1, X_2, \ldots, X_n$ としま

す。そして，データの平均発生件数を R で表しますと，

$$R = \frac{X_1 + X_2 + \cdots + X_n}{n} \tag{6.3}$$

となります。ポアソン分布の性質より，各 X_i に対して，$E(X_i) = \lambda$，$V(X_i) = \lambda$ が成り立ちます。これに，第 3 章の確率変数の和の分布の性質や確率変数を定数倍したときの平均や分散の性質を用いることによって，$E(R) = \lambda$，$V(R) = \lambda/n$ という結果を導くことができます。このことから，第 4 章の成功確率の信頼区間と同様に考えることで，λ の 95% 信頼区間は次のようになります。

λ の 95%信頼区間

$$R - 2\sqrt{\frac{R}{n}} \leq \lambda \leq R + 2\sqrt{\frac{R}{n}} \tag{6.4}$$

ここで，ルートの中は，本来は R の分散である $\frac{\lambda}{n}$ を用いるべきですが，λ がわかりませんので，その代わりに λ の推定量である R を代入しています。この信頼区間は，実は割合の信頼区間の場合と同じ考え方で導かれています。この点については，第 8 章の正規分布モデルの説明を行った後で，もう一度振り返って考えることにします。

例 6.1 では，$R = 0.73$，$n = 30$ ですので，λ の 95% 信頼区間は 0.42 以上 1.04 以下となります。

演習問題

【問題 6.1】

ある市での平成 8 年から平成 22 年までの食中毒の発生状況を調べたところ，次の表のようになった。

年	8	9	10	11	12	13	14	15	16	17	18	19	20	21	22
件数	7	3	3	1	2	3	5	6	3	4	5	5	8	8	6

このとき，1 年間の食中毒発生件数の 95% 信頼区間を求めなさい。

6.3 ポアソン分布の意味

例 6.1 を用いてポアソン分布の特徴を考えてみます。例 6.1 では 1 日の交通死亡事故の発生件数を考えていますが，1 日をもう少し細かく分けて考えてみましょう。1 日を n 等分して $\frac{1}{n}$ 日毎の事故発生件数を考えます。n をある程度大きくしますと，$\frac{1}{n}$ 日に 2 件以上の事故が発生する確率は非常に小さくなります。そうすると，$\frac{1}{n}$ 日毎に考えますと，事故が発生しているのか，発生していないのか，という 2 つの結果のうちどちらかが起こっていることになります。そのため，この結果に対しては 2 項分布モデルを適用して考えることができます。1 日での平均事故発生件数の期待値は λ でしたので，$\frac{1}{n}$ 日での平均事故発生件数の期待値は $\frac{\lambda}{n}$ となります。$\frac{1}{n}$ 日では 2 回以上事故は起こらないと仮定すると，この $\frac{\lambda}{n}$ は事故が起こる確率と考えることもできます。

1 日に起こる交通死亡事故発生件数を x とします。1 日を n 等分した小さな区間では，2 回以上交通死亡事故は起こっていないと考えているため，n 個に分割した小さな時間帯の中の x 個で交通死亡事故が発生していることになります。この確率は，2 項分布モデルを用いて

$$\binom{n}{x}\left(\frac{\lambda}{n}\right)^{x}\left(1-\frac{\lambda}{n}\right)^{n-x} \tag{6.5}$$

となります。この式には n が含まれていますが，n はここで勝手に考え

た分割数ですので，分割数 n を大きくした場合の極限を考えることにします。その極限の分布がポアソン分布となります。詳しい証明については，章末の参考文献[1]で紹介している竹内・藤野 (1981) の p. 29 を参照してください。

今，2 項分布の極限としてポアソン分布を導出しました。このときに仮定したことを整理してみますと，次の 3 つになります。

1. 時間を細かく分けると，各時間帯で交通死亡事故は 2 件以上発生しない
2. どの時間帯も事故発生のリスクは同じである
3. 各時間帯での事故発生の有無は，他の時間帯の結果に依存しない

この 3 つの仮定はポアソン分布モデルを適用できるかどうかを考える際に重要です。ポアソン分布モデルを用いる場合には，この 3 つの点をチェックするように気をつけましょう。

6.4　散布度の検定

具体的なデータに対してポアソン分布モデルが適用できるかをチェックする方法をひとつ紹介しましょう。ポアソン分布の特徴のひとつに，確率変数の平均と分散が等しいという性質があります。この性質を確かめる**散布度の検定**を考えます。

$X_1, X_2, \ldots, X_n$ は，同じ分布に従う確率変数とします。散布度の検定では，データがポアソン分布であることを帰無仮説とします。第 5 章のクロス表の解析でも書きましたが，まず検定では帰無仮説を前提として考えます。ポアソン分布モデルでは，平均と分散が等しいので，このことを用いて統計量を構成します。まず，平均については，データの平均発生件数 R で推定します。次に，分散について考えます。λ の信頼区

間を求める際に R/n を用いました。しかし，ここではまだポアソン分布であるかどうかわかりませんので，一般的な分散の推定量である

$$V = \frac{(X_1 - R)^2 + (X_2 - R)^2 + \cdots + (X_n - R)^2}{n-1}$$

を用います。データの分散を考える場合には，V の分母は $n-1$ ではなく n を用いますが，確率モデルの分散を推定する場合には，$n-1$ を用います。第 8 章でも書きますが，ポアソン分布の場合だけでなく，正規分布モデルのときにも，この分散の推定量が用いられます。例 6.1 を用いて，この 2 つを比較してみましょう。データの分散（n で割ったもの）は 0.66 となり，分散の推定量（$n-1$ で割ったもの）は 0.69 となります。分散の推定値は，データの分散よりも少し大きな値になります。

ポアソン分布モデルでは平均と分散は等しいので，帰無仮説が正しければ V/R は 1 に近い値をとるはずです。そこで，V/R が 1 より離れた値をとるときに，帰無仮説を棄却し，ポアソン分布モデルではないと判断します。この棄却域を決めるためには，帰無仮説を仮定したときの統計量 V/R の分布を求める必要があります。V/R の正確な分布を求めるのは難しいのですが，n が大きくなると $(n-1)\dfrac{V}{R}$ の分布は，自由度 $(n-1)$ のカイ 2 乗分布で近似することができます。そこで，自由度 $(n-1)$ のカイ 2 乗分布の累積分布関数を $F(x)$ として，$F(x) = 0.975$ を満たす x の値を自由度 $(n-1)$ のカイ 2 乗分布の上側 2.5% 点といい，$\chi^2_{(n-1)}(0.025)$ と表します。このとき，帰無仮説を仮定しますと，$(n-1)\dfrac{V}{R}$ が $\chi^2_{(n-1)}(0.025)$ よりも大きな値をとる確率は 2.5% に抑えることができます。同様に，$F(x) = 0.025$ を満たす x の値を自由度 $(n-1)$ のカイ 2 乗分布の下側 2.5% 点といい，$\chi^2_{(n-1)}(0.975)$ と表します。このときも帰無仮説を仮定しますと，$(n-1)\dfrac{V}{R}$ が $\chi^2_{(n-1)}(0.975)$ よりも小さな値をとる確率を 2.5%

に抑えることができます。このことから有意水準 5% の散布度の検定を次のように構成します。

散布度の検定

$(n-1)\dfrac{V}{R} < \chi^2_{(n-1)}(0.975)$ または $(n-1)\dfrac{V}{R} > \chi^2_{(n-1)}(0.025)$ のとき，帰無仮説を棄却します。

上側 2.5% 点や下側 2.5% 点の値は，自由度の値によって変化します。そのため，ここで数値で表すことができません。自由度ごとの値を巻末の付表に示していますので，そこから読み取ってください。例 6.1 では，$n = 30$ ですので，自由度は 29 となり，$\chi^2_{(29)}(0.025) = 45.72$，$\chi^2_{(29)}(0.975) = 16.05$ となります。一方，$R = 0.73$，$V = 0.69$ ですので，

$$(n-1)\frac{V}{R} = 29 \times \frac{0.69}{0.73} = 27.09$$

となります。統計量の値は 27.09 ですので，自由度 29 のカイ 2 乗分布の上側 2.5% 点と下側 2.5% 点の間にありますので，ポアソン分布モデルであるという帰無仮説は棄却できません。検定の性質からいうと，もちろんこのことがポアソン分布であることを積極的に示しているわけではありませんが，モデルをチェックする場合には，そこまでは要求されず，このような検定がよく用いられます。

上側 2.5% 点や下側 2.5% 点の値については，表計算ソフトを用いて計算することもできます。例えば，Excel ではこれらの値を計算する関数 CHIINV が準備されていますので，これを用いて計算するとよいでしょう。自由度 k のカイ 2 乗分布の上側 2.5% 点は，CHIINV(0.025, k)，下側 2.5% は CHIINV(0.975, k) を使って求められます。

演習問題

【問題 6.2】

問題 6.1 のデータに対して，有意水準 5% で散布度の検定を実施し，ポアソン分布であるかどうかをチェックしなさい。

6.5　ポアソン分布モデルの利用

ここでは，ポアソン分布モデルを適用する例を医学研究の中から 2 つ紹介します。

(1)　罹患率の推定

医学研究の中に疫学という分野があります。疫学では，疾病の発生状況を調査することによって，その疾病の原因を探っていきます。そのような方法のひとつとして，ある集団を一定期間追跡する方法があります。この方法では，集団をある特性で分類し，分類された各集団での疾病の発生状況を調べます。たとえば，ある集団を喫煙の有無で 2 つの集団に分けて，5 年間追跡したときの疾病発生状況を調べるような状況を考えればイメージしやすいでしょう。このとき，すべての人がちゃんと 5 年間追跡されていれば，単にそれぞれのグループでの疾病発生の割合をチェックすればよいのですが，必ずしもすべての人が 5 年間追跡されているとは限りません。途中から追跡対象集団に入って来る人もいれば，途中で追跡対象から外れる人もいます。そうしますと，すべての人を対等に取り扱うわけにはいかなくなります。そこで，各個人の追跡期間を考慮し，その合計 T を考えます。たとえば，5 年間追跡した人が 10 人おり，4 年間追跡した人が 5 人いた場合には，トータルの追跡期間 T は $5 \times 10 + 4 \times 5 = 70$ となります。T は（人数）×（年数）の和ですので，人年という単位が用いられます。次に，この追跡期間中に疾病が発生した人数を A で表します。このとき，疾病発生数 A に対して，どの人もどの時点でも疾病が発生するリスクは等しいと仮定して，ポアソン分布モデルを適用します。もちろん，このとき疾病発生数はトータルの追跡期間 T によって変化しますので，ポアソン分布モデルのパラメータ λ に対して，$\lambda = IT$ というモデルを用いて分析します。このとき，I は 1 人年あたりの疾病発生数を表しますので，**罹患率**と呼ばれています。$\lambda = IT$ という関係を用いると，罹患率は A/T で推定できます。また，I の 95% 信頼区間は次のようになります。

罹患率の 95%信頼区間

$$\frac{A}{T} - 2\,\frac{\sqrt{A}}{T} \leq I \leq \frac{A}{T} + 2\,\frac{\sqrt{A}}{T} \qquad (6.6)$$

ここでは，簡便な信頼区間を求めていますので，式 (6.6) が成り立つ確率は，必ずしも 95% になりません。必ず，95% を確保するような信頼区間については，参考文献[2]の丹後 (1993) の p. 143 にありますので，そちらを参照してください。

(2)　年齢調整死亡率

疾病の発生状況を調べるひとつの指標として死亡率があります。死亡率は，ある地区で対象としている疾患で 1 年間に死亡した人の数をその地区の人口で割ることで求めることができます。ただし，地区毎に年齢構成が異なっていますと，単純に死亡率だけで疾病の発生状況を比較することは難しくなります。この問題を解消するためには，年齢分布を考慮する必要があります。年齢分布を使った調整の方法にはいくつかの方法がありますが，ここでは間接法と呼ばれる手法について紹介しましょう。

ある地区の死亡率と全国の死亡率を比較する設定で考えていきます。全国の年齢階級死亡率は国が統計をとっており，毎年「厚生の指標」という本にまとめられています。まず，対象となっている地区の年齢階級ごとの死亡率が全国の年齢階級別死亡率と同じであると仮定して，対象地区の死亡数の予想 E を計算します。そして，対象地区で観測された死亡数 A をこの予想死亡数 E と比較します。このとき用いられる指標が**標準化死亡率比** SMR (Standardized mortality ratio) で，

$$\mathrm{SMR} = \frac{A}{E} \times 100$$

で定義されます。SMR が 100 より大きいときには，その地区の死亡率は全国の死亡率よりも高くなっており，逆に 100 より小さいときには，全国の死亡率よりも低くなっていることがわかります。

ここでは，その地区の死亡率が全国の死亡率よりも高くなっているかどうかを調べる検定を考えましょう。疫学研究では，まず死亡数 A は平均 λ のポアソン分布であると仮定します。このとき，帰無仮説として，$\lambda = E$ を考えます。ここでは，SMR の分布を考える代わりに，p 値を使った判断の方法を紹介します。SMR が 100 より大きい場合には，$\lambda = E$ のポアソン分布で観測された死亡数 A 以上の値となる確率を求めます。一方，SMR が 100 より小さい場合には，観測死亡数 A 以下の値となる確率を求めます。ここで求めた確率の 2 倍を p 値として，p 値が 5% よりも小さいときには帰無仮説を棄却し，この地区の死亡率は年齢を調整すると全国の死亡率と異なると判断します。

ここでは，医学研究の中から 2 つの例を取り上げましたが，ポアソン分布モデルは疾病発生数や死亡数などの整数の値をとるデータに対して有用な確率モデルであることがわかるでしょう。

補足　-ポアソン分布の分散-

確率変数 X の分布が平均 λ のポアソン分布であるとき，X の分散を求めてみましょう。

$$
\begin{aligned}
V(X) &= E\{(X-\lambda)^2\} = E(X^2 - 2\lambda X + \lambda^2) \\
&= E\{X(X-1) + (1-2\lambda)X + \lambda^2\} \\
&= \sum_{k=0}^{\infty} k(k-1)\frac{\lambda^k}{k!}e^{-\lambda} + (1-2\lambda)\lambda + \lambda^2 \\
&= \sum_{k=2}^{\infty} \frac{\lambda^k}{(k-2)!}e^{-\lambda} + (1-\lambda)\lambda \\
&= \lambda^2 e^{-\lambda}\sum_{k=0}^{\infty}\frac{\lambda^k}{k!} + (1-\lambda)\lambda \\
&= \lambda^2 + (1-\lambda)\lambda = \lambda
\end{aligned}
$$

この計算においても，平均の計算の場合と同様に $e^{\lambda} = \sum_{k=0}^{\infty}\frac{\lambda^k}{k!}$ という性質を用いています。

演習問題

【問題 6.3】

平成15年から平成22年に発生した学校給食における食中毒の発生状況（文部科学省調べ）をみると，次の表のようになります。

年	15	16	17	18	19	20	21	22
件数	5	4	4	6	5	6	1	2

このとき，年間の食中毒発生件数の95％信頼区間を求めなさい。また，有意水準5%で散布度の検定を行い，ポアソン分布であるかどうか

をチェックしなさい。

参考文献

[1]　竹内啓，藤野和建『2 項分布とポアソン分布』東京大学出版，1981
[2]　丹後俊郎『新版　医学への統計学』朝倉書店，1993

7　正規分布モデル

《目標＆ポイント》　この章では，正規分布モデルについて紹介します。正規分布モデルは，連続データに対する確率分布モデルとして最もよく用いられるモデルです。また，多くの統計手法は正規分布モデルをベースとして構成されていますので，この確率分布モデルについて理解しておくことは統計学を学ぶ上で必須の条件となります。正規分布の密度関数や累積分布関数の計算は非常に複雑ですが，正規分布モデルは数学的に非常に良い性質をもっています。細かな数学的な議論は別にしても，正規分布のバラツキの特徴はしっかり理解しましょう。また，標準化や尺度の変換に関する性質や独立な確率変数の和の分布などの正規分布の主な性質についてもしっかり把握しておきましょう。
《キーワード》　尺度変換，独立な確率変数の和，標準化，偏差値

7.1　正規分布

第6章までに，2項分布モデル，多項分布モデル，ポアソン分布モデルの3つの確率モデルを紹介しました。これらの確率分布モデルは，すべて整数を値としてとるデータに対するモデルでした。しかし，統計的なデータの中には，整数以外の値をとるものも数多くあります。たとえば，身長であれば 170 cm や 180 cm と表す場合もありますが，本来は 170.25 cm や 179.87 cm などのように小数点以下の数値ももっているはずです。ここでは，確率変数がこのような連続的な値をとる場合の確率分布モデルを考えます。2項分布モデルの場合には，独立な実験を繰り返すこと，それぞれの実験で成功する確率が等しいこと，というように現象が起こるプロセスを特定することによって，理論的に確率分布モデ

ルを構成しました。しかし，連続な値をとる確率変数の場合には，確率変数がとり得る値が多すぎることや現象が複雑であることなどの理由で，うまくプロセスを特定することができません。そこで，まず実際に観測されるデータの特徴をつかんで確率モデルを構成することにします。

例 7.1　文部科学省は，毎年学校保健統計調査を行っています。この調査では，学校における児童，生徒および幼児の発育および健康の状態を明らかにすることを目的としており，全国の子どもたちの約 5% を抽出して調査が行われています。この結果のひとつとして，図 7.1 に，平成 28 年度の中学校 3 年生男子の身長のヒストグラムを与えています。

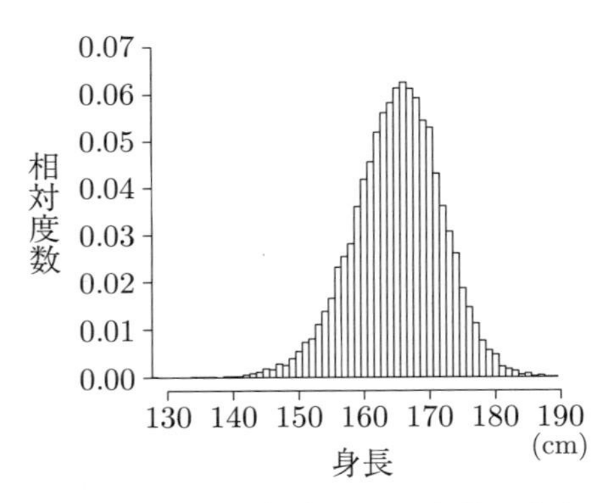

図 7.1　中学 3 年生男子の身長の分布

図 7.1 の身長のグラフを見ますと，ヒストグラムの形がほぼ左右対称になっていること，167 cm 前後の身長の生徒が最も多いこと，167 cm から離れるにしたがって観測される生徒の割合が急激に下がっていくことなどの特徴がみられます。このような形の分布のことを吊り鐘型の分布ということもあります。実は，いろいろな実験や調査の結果を調べてみますと，身長の分布だけではなくさまざまなデータの分布が同じよう

な吊り鐘型をしていることがわかります。

例 7.1 のような分布の特徴をもつ連続な確率分布モデルとして，**正規分布モデル**がよく用いられます。3.1 節で述べたように，連続な確率モデルの場合には密度関数を使って分布の特徴を表すことができますので，まず正規分布モデルの密度関数を示しておきましょう。

正規分布モデル

正規分布モデルは，次のような形の密度関数をもつ分布のモデルです。

$$f(x) = \frac{1}{\sqrt{2\pi}\,\sigma}\, e^{-\frac{(x-\mu)^2}{2\sigma^2}} \tag{7.1}$$

この式の中には，x 以外に μ と σ [*1] という 2 つのパラメータが含まれています。式だけではわかりにくいので，$\mu = 0$，$\sigma = 1$ の場合の正規分布の密度関数 $f(x)$ のグラフを図 7.2 に示しました。この分布には，特別に名前がついており，**標準正規分布**と呼ばれています。この正規分布のグラフは，次の 2 つの性質をもっています。

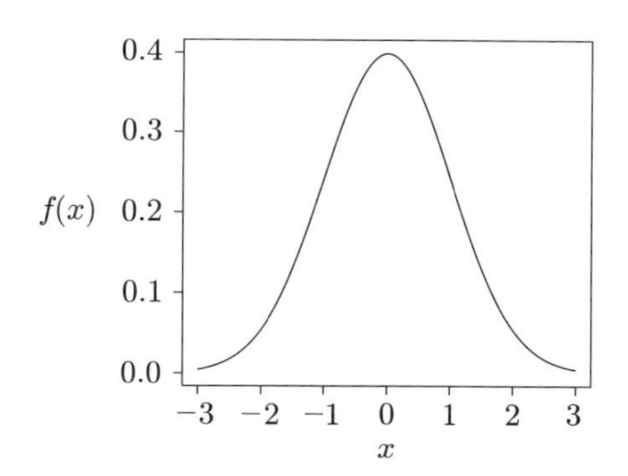

図 7.2　標準正規分布の密度関数

*1　μ と σ は，ギリシャ文字でミューおよびシグマと発音します。

1) $x = 0$ を中心として左右対称である
2) $x = 0$ のところで $f(x)$ の値が最も大きくなり，x が 0 から離れるにしたがって，$f(x)$ の値は急激に小さくなる

例 7.1 の身長の分布のヒストグラムと標準正規分布の密度関数を見比べてみますと，全体的な分布の形はよく似ていることがわかります。しかし，中心の位置や広がり具合には違いがあります。それを調整するために μ と σ というパラメータがあるのです。密度関数の式 (7.1) において，μ の値を変えると，$f(x)$ が最も大きくなる x の値が μ となるように，グラフを左右に移動することができます。一方，σ の値は分布の広がり具合を表しており，1 より小さくなると，密度関数はもっと尖った形になり，$x = \mu$ での値 $f(\mu)$ がもっと大きくなります。逆に σ を 1 より大きくすると，密度関数のグラフはなだらかになり，$x = \mu$ での値 $f(\mu)$ の値も小さくなります。このように，μ や σ の値を変えることによって，正規分布の密度関数の形を変えることができます。たとえば，例 7.1 の身長のデータでは，$\mu = 165.1$，$\sigma = 6.7$ とすると，よく当てはまります。実際に，身長のヒストグラムと $\mu = 165.1$，$\sigma = 6.7$ の正規分布の密度関数を同じグラフに描きますと，図 7.3 のように，よく似た形になっていることを確かめることができます。

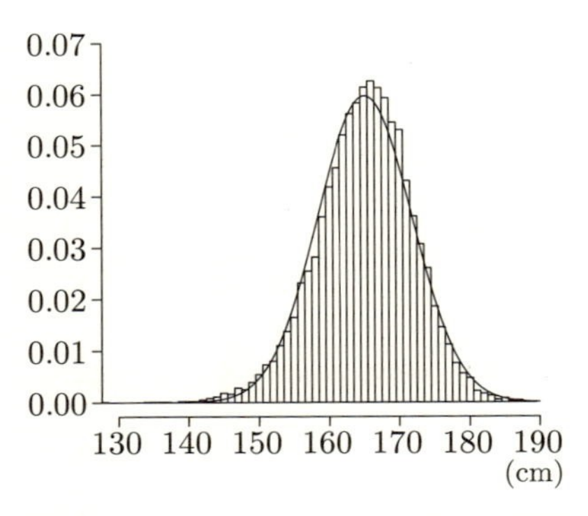

図 7.3　身長のヒストグラムと正規分布の密度関数

正規分布モデルは，確率変数が実数のすべての値をとり得るモデルですが，σ に比べて μ がある程度大きな正の値をとる場合には，負の値をとる確率はほぼ 0 となります。そのため，身長のように正の値しかとらない測定値に対しても当てはめることができます。実際に，$\mu = 165.1$ で $\sigma = 6.7$ の正規分布の場合には，負の値をとる確率 $P(X < 0)$ は 0.00001 よりももっと小さくなり，ほとんど起こらないことがわかります。このことから，正の値しかとらないデータであっても正規分布モデルを適用できます。また，実際のデータでは，とり得る範囲がもっと限定されている場合もあります。このような場合でも正規分布モデルを適用できる場合もあります。たとえば，100 点満点の試験の分布をみる場合でも，正規分布モデルを適用する場合があります。100 点満点の試験ですと，とり得る値に 100 という上限がありますし，基本的には試験の点数は整数の値しかとりません。そのような場合でも，確率変数のとり得る値の数がある程度多く，分布の形が吊り鐘型をしていれば正規分布モデルを適用する場合もあるのです。このように，正規分布モデルは，さまざまなデータに対して適用されている有用なモデルです。

7.2　正規分布の基本性質

正規分布は数学的にとてもきれいな性質をもっており，非常に扱いやすい分布です。密度関数の中にある 2 つのパラメータ μ と σ は，μ が正規分布の平均と一致し，σ^2 が正規分布の分散と一致します。このことから，式 (7.1) のような密度関数をもつ正規分布を平均 μ，分散 σ^2 の正規分布と呼び，$N(\mu, \sigma^2)$ という記号を使って表記することにします [*2]。実際に正規分布の平均は，

*2　正規分布は英語で Normal distribution といいますので N を用いています。

$$E(X) = \int_{-\infty}^{\infty} x \frac{1}{\sqrt{2\pi}\,\sigma} e^{-\frac{(x-\mu)^2}{2\sigma^2}} dx$$

のように表され，その値を求めるには積分の計算をする必要があります。この計算は高等学校の積分を使うことで求めることができ，平均が μ であることを示すことができます。また，分散についても

$$V(X) = \int_{-\infty}^{\infty} (x-\mu)^2 \frac{1}{\sqrt{2\pi}\,\sigma} e^{-\frac{(x-\mu)^2}{2\sigma^2}} dx$$

と表され，計算すると σ^2 と等しくなります。興味のある人は挑戦してみてください (詳しくは，参考文献[2]の前園 (2009) を参照してください)。

正規分布モデルの特徴のひとつとして，**尺度変換**しても正規分布モデルを適用できる点が挙げられます。たとえば，身長の場合には，170 cm というようにcm 単位で表現されることが多くありますが，1.7 m のようにm 単位で表現することもできます。このように，cm 単位で表す場合とm 単位で表す場合とでは数値が変わってきます。このとき，もしcm 単位で表したときの分布に正規分布モデルが適用できるとすると，m 単位で表した場合でも正規分布モデルを適用したいはずです。このような要求に正規分布モデルは応えてくれるのです。もちろん，その場合に平均や分散の値は変わります。たとえば，cm 単位で表していたものをm 単位に変えますと，値は 1/100 になります。それに伴って，正規分布の平均は 1/100 倍，分散は 1/10000 倍となります。もう少し一般的に書きますと，次のようになります。

確率変数 X の分布が平均 μ，分散 σ^2 の正規分布 $N(\mu,\,\sigma^2)$ の場合，$a \neq 0$ であれば a 倍した確率変数 aX の分布は，平均 $a\mu$，分散 $a^2\sigma^2$ の正規分布 $N(a\mu,\,a^2\sigma^2)$ となります。

ここで，分散は a 倍ではなく，a^2 倍されていることに注意してください。

一方，確率変数 X にある値 b を加えた確率変数 $X+b$ の分布は，平均 $\mu+b$，分散 σ^2 の正規分布 $N(\mu+b,\ \sigma^2)$ となります。今度は，分散は変化しません。

演習問題

【問題 7.1】

確率変数 X が平均 μ，分散 σ^2 の正規分布 $N(\mu,\ \sigma^2)$ に従うとき，確率変数 $2X$，$X+3$，$3X-2$ の分布を求めなさい。

この性質をうまく用いることで，正規分布に従う確率変数の平均や分散を自由に変えることができます。その中で，最もよく用いられるのが標準化と呼ばれる変換です。図 7.2 では標準正規分布，すなわち平均が 0 で，分散が 1 の正規分布 $N(0,\ 1)$ の密度関数を描きました。実は，確率変数 X が正規分布に従う場合には，うまく変換することで標準正規分布に従う確率変数に変えることができます。X の平均を μ，分散を σ^2 とします。このとき，$(X-\mu)/\sigma$ という変換を行うと，標準正規分布となるのです。X の平均は μ，分散は σ^2 ですので，$X-\mu$ の分布は，平均は 0, 分散は σ^2 となります。さらに，これを $1/\sigma$ 倍した $(X-\mu)/\sigma$ の平均は 0 となり，分散は 1 となりますので，標準正規分布となるわけです。このように，一般の正規分布を標準正規分布に従う確率変数に変える操作を**標準化**といいます。

演習問題

【問題 7.2】

確率変数 X が平均 170，分散 25 の正規分布 $N(170,\ 25)$ に従うとき，確率変数 X を標準化した確率変数 Y を X を用いて表しなさい。

この標準化の有効性を考えてみましょう。正規分布モデルを紹介するときには，密度関数をまず与えました。これは，正規分布の累積分布関数は非常に複雑でうまく書き表せないからなのです。しかし，実際に統計的な解析を行う場合には，必要に応じて確率分布の計算を行う必要があります。その場合には，複雑な近似計算を用いることになります。この計算は非常に大変ですので，付表1のように標準正規分布の累積分布関数を計算したものを利用します。この標準正規分布の表を利用することで，一般的な正規分布の分布関数も計算できるのです。この性質をもたらしているのが，標準化という変換です。たとえば，平均50，分散100の正規分布に従う確率変数が60以下の値をとる確率を考えてみましょう。

$$P(X \leq 60) = P\left(\frac{X-50}{10} \leq \frac{60-50}{10}\right)$$

が成り立ちますので，標準正規分布が1以下の値をとる確率と等しくなります。この確率は，付表1から84.1%であることを読み取ることができます。このように，どんな正規分布であっても，標準化することで，標準正規分布の表を使って，確率を計算することができます。

ただし，現在は標準化を意識しなくても，コンピュータを使って簡単に計算できるようになっています。たとえば，平均μ，分散σ^2の正規分布の累積分布関数$F(x)$を計算するには，ExcelではNORMDIST(x, μ, σ, True)のように関数を用いて簡単に計算することができます。もちろん，その背景としては標準化を用いていることには違いはありませんが。

また，正規分布のバラツキを把握する意味では標準化は有効です。標準正規分布のバラツキに関して，主だったものを覚えておくことで，一般の正規分布のバラツキも把握できます。たとえば，次のような確率を覚えておくと便利です。

標準正規分布のおよそのバラツキ

確率変数 X の分布が標準正規分布であるとします。このとき，X の分布について次のことが成り立ちます。

$$P(-1 \leq X \leq 1) = 0.683$$
$$P(-2 \leq X \leq 2) = 0.954$$
$$P(-3 \leq X \leq 3) = 0.997$$

このことから，Y の分布が平均 μ，分散 σ^2 の正規分布 $N(\mu, \sigma^2)$ の場合には，

$$P\left(-1 \leq \frac{Y-\mu}{\sigma} \leq 1\right) = 0.683$$

が成り立ちます。この結果から $\mu-\sigma \leq Y \leq \mu+\sigma$ となる確率が約 68% となることがわかります。同様にして，$\mu-2\sigma \leq Y \leq \mu+2\sigma$ となる確率が約 95% となります。このように，一般の正規分布の確率についてある程度のイメージをもつことができます。このことを例 7.1 の中学校 3 年生男子の身長のデータに適用してみましょう。平均は 165.1 で標準偏差が 6.7 の正規分布と仮定します。$\mu-2\sigma = 165.1-2\times 6.7 = 151.7$ で，$\mu+2\sigma = 165.1+2\times 6.7 = 178.5$ となりますので，151 cm 以下の生徒の割合も 179 cm 以上の生徒の割合もほぼ 2.5% となることが予想されます。実際のデータでは，151cm 以下の生徒の割合は 2.86% で，179 cm 以上の生徒の割合は 1.84% ですから，いずれも 2.5% に近い値となっています。

もうひとつの正規分布の性質として，

2つの確率変数 X，Y が独立で正規分布に従うならば，$X+Y$ の分布も正規分布となる

という性質があります。連続的なデータの場合には，身長や体重のようにある量に対する測定値が多いのですが，このような測定値にはさまざまな誤差が入ってきます。このような誤差がそれぞれ正規分布であると仮定します。それぞれの誤差が独立であれば，誤差の総和も正規分布になりますので，全体をひとつの正規分布として取り扱うことができるのです。このような意味で，測定誤差の分布として正規分布を仮定すると都合がよいのです。

また，第 3 章で独立な確率変数の和の平均や分散の性質を取り扱いました。その結果を用いると，次のようなことがいえます。

> 確率変数 X，Y が独立で，それぞれ平均 μ_x，分散 σ_x^2 の正規分布と平均 μ_y，分散 σ_y^2 の正規分布に従うならば，$X+Y$ の分布は平均 $\mu_x+\mu_y$，分散 $\sigma_x^2+\sigma_y^2$ の正規分布となる

この性質については，参考文献[2]の前園 (2009) で証明されていますので，詳しくはこちらを参照してください。

このように，正規分布に近いデータが多いことや正規分布が数学的に優れた性質をもつことから連続的なデータに対しては正規分布モデルを仮定する場合が多くあります。そして，正規分布を仮定する統計的な手法がたくさん提案されています。それらの手法の一部については，第 8 章や第 9 章で取り扱うことにします。

もちろん，連続的なデータに対していつでも正規分布モデルを適用できるわけではありません。正規分布以外にも，指数分布モデルやガンマ分布モデルなどいろいろな確率分布モデルが提案されています。この本では，正規分布モデル以外の連続型の分布は取り扱いませんが，取り扱うデータによって，必要であればその他の確率分布モデルについても調べてみてください。

7.3 偏差値

偏差値は模擬試験の結果などでよく用いられる指標です。試験の結果は本人の実力だけではなく，問題の難易度によっても大きく左右されます。そのため，同じ 80 点をとったとしても，難しい問題で 80 点をとる場合と，易しい問題で 80 点をとる場合では大きく意味が異なってきます。このような難易度の異なる試験に対して，できるだけ同じように比較ができるようにと考えられたのが偏差値です。偏差値の導出においては，正規分布の尺度の変換が用いられています。ただし，試験の場合には標準化のように平均 0，分散 1 の正規分布にしてしまうと，0 点に近い値をとる生徒が多くなりますし，負の値をとる生徒も現れます。そこで，偏差値では平均を 50 点，標準偏差が 10 点（分散 100）となるような変換をしているのです。具体的には，試験の得点 X が平均 μ，分散 σ^2 の正規分布に従うと仮定しましょう。まず，X を標準化して，$\dfrac{X-\mu}{\sigma}$ とします。その後に，

$$\frac{X-\mu}{\sigma}\times 10+50 \tag{7.2}$$

としますと，平均が 50 点，標準偏差が 10 点となります。このような変換を行うことで，ほとんどの生徒は 20 点以上で 80 点以下の範囲になり，100 点満点の試験と似た得点にすることができ，都合がよいのです。また，成績が正規分布に近い分布の場合には，40 点以上 60 点以下の生徒が約 68% おり，30 点以上 70 点以下の生徒が約 95% いることなどが予想でき，偏差値を見るだけで全体での位置を把握できるという利点もあります。ただし，成績が正規分布に従わない場合には，このような解釈はできませんので，まずは全体の成績分布がどのような形をしているかをチェックすることも重要です。

もうひとつ注意すべき点があります。偏差値を使って複数の試験を比

較する際には，その試験の受験者の集団が同じであると考えています。この受験者集団が大きく異なっている場合には，偏差値は誤った印象を与えることになりますので，気をつけましょう。

演習問題

【問題 7.3】

連続的なデータに対して，正規分布モデルがよく用いられる理由を 2 つ挙げなさい。

【問題 7.4】

次の記述のうち，正規分布モデルの特徴として正しいものを選びなさい。

A. ある値を中心として，左右対称の分布となっている

B. 大きな値ほど，密度関数の値が大きくなる

C. 平均値から離れるに従って，密度関数の値が急激に 0 に近づく

D. 平均値がある程度大きく，分散が小さい場合には，負の値をとる確率はほぼ 0 となる

【問題 7.5】

小学 6 年生女子の身長の分布が平均 146.7 cm, 標準偏差 6.7 cm の正規分布と仮定します。このとき，それぞれの生徒の身長を m 単位で表したときの，平均と標準偏差を求めなさい。

【問題 7.6】

小学 6 年生女子の身長の分布を調べると，平均 146.7 cm，標準偏差 6.7 cm となりました。この集団の身長の分布が正規分布に従うものとします。このとき，154 cm 以上の生徒の割合と，161 cm 以上の生徒の割合を標準正規分布のおよそのバラツキを使って求めなさい。

参考文献

［1］ 柴田義貞『正規分布』東京大学出版会，1981

［2］ 前園宜彦『概説　確率統計（第 2 版）』サイエンス社，2009

8 正規分布モデルでの統計的推測

《目標&ポイント》 この章では，正規分布モデルを仮定した場合の平均や分散の推定について取り扱います。数学的には難しい部分も含んでいますが，実際によく用いられる手法ですので，その利用法をマスターすることが大切です。また，中心極限定理によって，正規分布モデル以外の確率分布モデルにおいても正規分布の平均の信頼区間を構成する方法が近似的に用いられていることを紹介します。さらに，正規分布モデルでの平均に関する検定についても紹介します。これらの手法を適用するためには，推定や検定の際に用いられる基本的な考え方を理解することが重要です。
《キーワード》 平均の推定，分散の推定，カイ 2 乗分布，t 分布，中心極限定理

8.1 正規分布モデルでのパラメータの推定

例 7.1 において，学校保健統計調査の例を取り上げました。この調査では，全国の中学 3 年生の男子の中から約 5% の生徒を抽出し，その結果を提示しています。この調査は標本調査ですので，この結果を使って全国の中学 3 年生男子の身長の分布を推定する方法を考えてみましょう。まず，全国の中学 3 年生の男子全体の身長の分布が平均 μ，分散 σ^2 の正規分布であると仮定します。このデータのヒストグラムと正規分布の密度関数がよく似ていることを第 7 章で確認しましたので，正規分布モデルを仮定してもよいでしょう。この調査で抽出された生徒一人ひとりの分布も平均 μ，分散 σ^2 の正規分布と仮定します。また，抽出された生徒の身長の間には関連がないと考えられますので，互いに独立と仮定し

ます。

そこで，確率変数 X_1，X_2，...，X_n が独立に平均 μ，分散 σ^2 の正規分布に従うものとして，平均 μ や分散 σ^2 の推定問題を考えます。

(1) 平均 $\boldsymbol{\mu}$ の推定

平均 μ の推定量としては，X_1，X_2，...，X_n の算術平均

$$\bar{X} = \frac{X_1 + X_2 + \cdots + X_n}{n} \tag{8.1}$$

が考えられます。$\bar{X}$ の分布について，次のことが成り立ちます。

$\bar{X}$ の分布

確率変数 X_1，X_2，...，X_n が独立に平均 μ，分散 σ^2 の正規分布 $N(\mu, \sigma^2)$ に従うとき，$\bar{X}$ の分布は，平均 μ，分散 σ^2/n の正規分布 $N(\mu, \sigma^2/n)$ となります。

$\bar{X}$ の分布の平均はいつも μ ですが，n が大きくなると分散はだんだん小さくなります。このことは，標本サイズ n を大きくすると，平均を精度よく推定できることを意味しています。この $\bar{X}$ の分布は，第7章で述べた正規分布の性質を用いることで示すことができます。まず，2つの確率変数が独立で，その分布が正規分布である場合には，その和の分布も正規分布であるという性質がありました。この性質を使いますと，$X_1 + X_2$ の分布が平均 2μ，分散 $2\sigma^2$ の正規分布 $N(2\mu, 2\sigma^2)$ になることがわかります。さらに，これに X_3 を加えると，平均 3μ，分散 $3\sigma^2$ の正規分布 $N(3\mu, 3\sigma^2)$ になります。これを繰り返し行うことで，$X_1+X_2+\cdots+X_n$ の分布が平均 $n\mu$，分散 $n\sigma^2$ の正規分布 $N(n\mu, n\sigma^2)$ になります。$\bar{X}$ は，$X_1 + X_2 + \cdots + X_n$ の $1/n$ 倍ですので，$\bar{X}$ の分布が平均 μ，分散 σ^2/n の正規分布 $N(\mu, \sigma^2/n)$ となることが示せます。

演習問題

【問題 8.1】

確率変数 $X_1, X_2, \ldots, X_{10}$ が独立に平均 50，分散 100 の正規分布 $N(50, 100)$ に従うとき，$X_1, X_2, \ldots, X_n$ の平均 $\bar{X}$ の分布を求めよ。

(2)　分散 $\boldsymbol{\sigma^2}$ の推定

分散 σ^2 の推定量としては，

$$\hat{\sigma}^2 = \frac{(X_1 - \bar{X})^2 + (X_2 - \bar{X})^2 + \cdots + (X_n - \bar{X})^2}{n-1} \tag{8.2}$$

が用いられます。データの分散を求める際には，第 1 章で述べたように

$$s^2 = \frac{(X_1 - \bar{X})^2 + (X_2 - \bar{X})^2 + \cdots + (X_n - \bar{X})^2}{n}$$

が用いられます。$\hat{\sigma}^2$ では，s^2 の分母の n の代わりに $n-1$ を用いています。そのため，$\hat{\sigma}^2$ の方が s^2 よりも少し大きくなっています。$\hat{\sigma}^2$ を用いる理由のひとつは，$E(s^2) = \dfrac{n-1}{n}\sigma^2$ であり，σ^2 より少し小さくなっていることが挙げられます。$\hat{\sigma}^2$ は，この部分を修正して，$E(\hat{\sigma}^2) = \sigma^2$ を満たしています。このことから，$\hat{\sigma}^2$ は**不偏分散**と呼ばれます。

次に，この $\hat{\sigma}^2$ の分布を調べることにします。その準備として，まず

$$\left(\frac{X_1 - \mu}{\sigma}\right)^2 + \left(\frac{X_2 - \mu}{\sigma}\right)^2 + \cdots + \left(\frac{X_n - \mu}{\sigma}\right)^2 \tag{8.3}$$

の分布を考えます。この式の各項は，各 X_i を標準化して 2 乗していますので，標準正規分布に従う確率変数の 2 乗の形になっており，それぞれ独立となっています。このとき，式 (8.3) の統計量の分布はカイ 2 乗分布となります。

カイ2乗分布

k 個の標準正規分布に従う独立な確率変数の2乗の和の分布を自由度 k の**カイ2乗分布**といいます。

式 (8.3) は，n 個の標準正規分布に従う確率変数の和ですので，その分布は自由度 n のカイ2乗分布となります。

カイ2乗分布は，第5章のクロス表の解析や第6章の散布度の検定を行う際に，すでに利用しています。しかし，その分布の特徴については，あまり詳しく述べていませんでした。ここで少し詳しく見ていくことにします。カイ2乗分布の密度関数や累積分布関数は複雑ですので，密度関数のグラフを示すことで分布の特徴を見てみましょう。

図8.1に自由度が2，5，10の場合のカイ2乗分布の密度関数 $f(x)$ のグラフを与えています。自由度2のときには，0に近い値が出やすく，値が大きくなるにつれて密度関数の値は小さくなっています。一方，自由度5や10になると，ひと山の分布となって，自由度が大きくなるとその山がだんだん大きい方へと移動していくことがわかります。これは，カイ2乗分布が正の確率変数の和として定義されていますので，自由度が大きくなると大きな値をとりやすくなることからも説明できます。

次にカイ2乗分布の平均を考えます。標準正規分布に従う確率変数 X

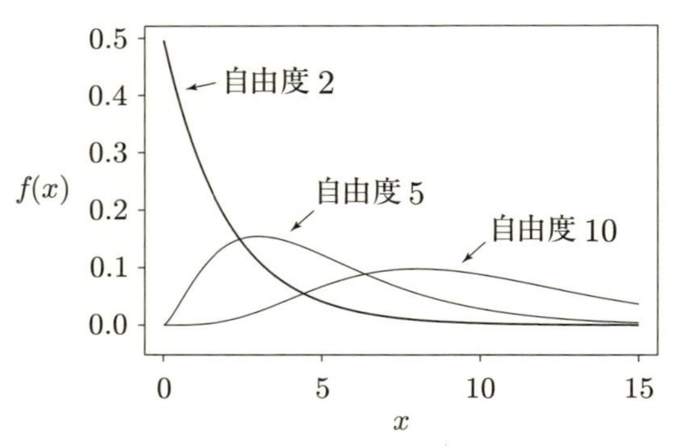

図8.1　カイ2乗分布の密度関数

の 2 乗の期待値 $E(X^2)$ は，X の平均が 0 ですので，X の分散と等しくなります。よって，$E(X^2) = 1$ となります。カイ 2 乗分布は k 個の確率変数の 2 乗の和の分布で定義されていますので，平均はちょうど自由度の数と等しくなり，自由度 k のカイ 2 乗分布の平均は k となります。

式 (8.3) では，標準化をする際に平均 μ を用いています。しかし，分散を推定する際には，μ の値は分からないため，μ の代わりに $\bar{X}$ を用いた次の式を考えます。

$$\left(\frac{X_1 - \bar{X}}{\sigma}\right)^2 + \left(\frac{X_2 - \bar{X}}{\sigma}\right)^2 + \cdots + \left(\frac{X_n - \bar{X}}{\sigma}\right)^2 \tag{8.4}$$

この式は，次のような形に変形することができます。

$$\left(\frac{X_1 - \mu}{\sigma}\right)^2 + \left(\frac{X_2 - \mu}{\sigma}\right)^2 + \cdots + \left(\frac{X_n - \mu}{\sigma}\right)^2 - \left(\frac{\bar{X} - \mu}{\sigma/\sqrt{n}}\right)^2 \tag{8.5}$$

この式を見ると，式 (8.3) から，最後の項を引いた形になっています。そして，最後の項は $\bar{X}$ を標準化したものですから，ひとつの標準正規分布の 2 乗の和を取り除いていることになります。本来は，もう少し厳密な議論が必要ですが，式 (8.5) の分布が自由度 $(n-1)$ のカイ 2 乗分布になることは，ある程度理解してもらえたのではないでしょうか。この分布の詳しい導出については，たとえば参考文献[3]の前園 (2009) を参照してください。カイ 2 乗分布は標準正規分布に従う確率変数の 2 乗の和の分布として定義されていたので，μ の代わりに $\bar{X}$ を用いると，そのひとつ分だけ自由度が少なくなると覚えてもらえば結構です。

ここで，$\hat{\sigma}^2$ の話にもどします。上のことから

$$\hat{\sigma}^2 = \frac{\sigma^2}{n-1}\left\{\left(\frac{X_1 - \bar{X}}{\sigma}\right)^2 + \left(\frac{X_2 - \bar{X}}{\sigma}\right)^2 + \cdots + \left(\frac{X_n - \bar{X}}{\sigma}\right)^2\right\} \tag{8.6}$$

と変形すると，$E(\hat{\sigma}^2) = \dfrac{\sigma^2}{n-1}(n-1) = \sigma^2$ が成り立ちます。これが $\hat{\sigma}^2$

が不偏分散と呼ばれる所以です。また，$\hat{\sigma}^2$ の分布は σ^2 に依存して変化するのですが，$(n-1)\dfrac{\hat{\sigma}^2}{\sigma^2}$ を考えると自由度 $(n-1)$ のカイ 2 乗分布となることから，$\hat{\sigma}^2$ の分布を求めることができます。

例 8.1　ある市の中学 3 年生のサッカー部員のなかから無作為に 10 人を選び，50 m 走の記録（単位　秒）を調べたところ，次のような結果となりました。

7.36	6.85	6.86	6.92	8.06
6.35	7.03	6.99	6.71	6.90

この 10 人が，平均 μ，分散 σ^2 の正規分布に従うと仮定します。このとき，10 人の合計タイムは，70.03 秒であることから，平均の推定量 $\hat{\mu}$ は 70.03/10=7.003 となります。また，分散の推定量 $\hat{\sigma}^2$ は，

$$\begin{aligned}\hat{\sigma}^2 &= \frac{(7.36-7.003)^2+(6.85-7.003)^2+\cdots+(6.90-7.003)^2}{9}\\ &= 0.202\end{aligned}$$

となります。

(3)　平均 μ の 95%信頼区間

$\bar{X}$ の分布は平均 μ，分散 σ^2/n の正規分布に従いますので，$\bar{X}$ を標準化した $\dfrac{\sqrt{n}(\bar{X}-\mu)}{\sigma}$ が標準正規分布となります。標準正規分布は，± 1.96 の間の値をとる確率が 95% となりますので，

$$-1.96 \leq \frac{\sqrt{n}(\bar{X}-\mu)}{\sigma} \leq 1.96$$

が 95% の確率で成り立つことになります。上の不等式を変形すると

$$\bar{X} - 1.96\frac{\sigma}{\sqrt{n}} \leq \mu \leq \bar{X} + 1.96\frac{\sigma}{\sqrt{n}} \tag{8.7}$$

となります。もし，σ の値がわかっていれば，これが平均 μ の 95% の信頼区間となります。ただし，多くの場合 σ の値はわかりませんので，σ の代わりに $\sqrt{\hat{\sigma}^2}$ を用いることになります。

そこで，$\dfrac{\sqrt{n}(\bar{X}-\mu)}{\sqrt{\hat{\sigma}^2}}$ の分布を考えてみましょう。この分布は，μ の値や σ^2 の値には依存しませんが，n の値によって若干変化します。そのためこの分布は，自由度 $n-1$ の **t** 分布と呼ばれています。n ではなく，$n-1$ となっているのは，$\hat{\sigma}^2$ の分布が自由度 $(n-1)$ のカイ 2 乗分布を使って表すことができることと関係しています。t 分布の密度関数や累積分布関数も非常に複雑ですので，カイ 2 乗分布の場合と同様に密度関数 $f(x)$ のグラフを見て，その分布の特徴を調べてみましょう。

図 8.2 に自由度 2，5，20 の場合の t 分布の密度関数と比較のために標準正規分布の密度関数（実線）を与えています。このグラフを見ますと，t 分布は標準正規分布よりもバラツキが大きくなっています。特に，自由度が 2 のときには，かなりバラツキが大きくなっています。一方自由度が大きくなってくるとほとんど標準正規分布との違いがなくなっていることがわかります。

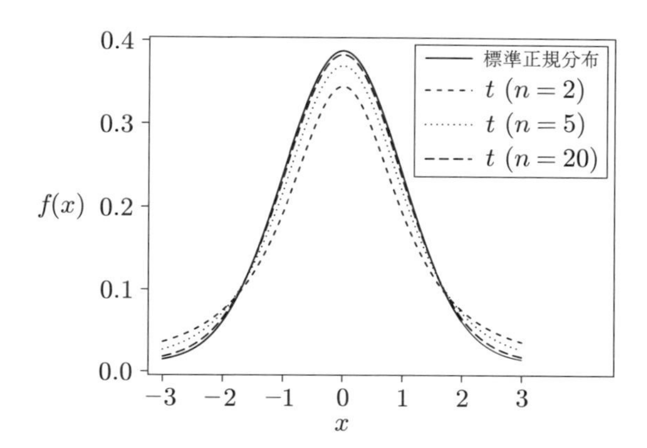

図 8.2　t 分布の密度関数

σ^2 がわからない場合の信頼区間は，この t 分布の累積分布関数を用いて構成することができます。まず，自由度 $(n-1)$ の t 分布の累積分布関数 $F(x)$ が 0.975 となる x の値を求めます。この値を自由度 $(n-1)$ の t 分布の上側 2.5% 点といい，$t_{(n-1)}(0.025)$ と表します。t 分布は $x=0$ を中心に左右対称に分布しますので，自由度 $(n-1)$ の t 分布において，絶対値が $t_{(n-1)}(0.025)$ 以下になる確率が 95% となります。このことを用いれば，σ^2 がわかっている場合と同じような流れで，次のような 95% 信頼区間を構成することができます。

μ の 95%信頼区間

$$\bar{X} - t_{(n-1)}(0.025)\sqrt{\frac{\hat{\sigma}^2}{n}} \leq \mu \leq \bar{X} + t_{(n-1)}(0.025)\sqrt{\frac{\hat{\sigma}^2}{n}}$$

$t_{(n-1)}(0.025)$ の値は n によって変化しますので具体的な値は書けません。いろいろな自由度での上側パーセント点の表を，巻末に付表として付けていますので，その表から値を読み取ってください。また，現在では表計算ソフト等を使って求めることもできます。たとえば，Excel では TINV(0.05, $n-1$) と入力することで $t_{(n-1)}(0.025)$ を計算することができます。この関数を用いるときには，0.025 ではなく，その 2 倍の 0.05 を使う必要がありますので，その点については注意をしてください。

例 8.2　例 8.1 のデータを使って，平均 μ の 95% 信頼区間を構成してみましょう。平均の推定値は 7.003 で，分散の推定値は 0.202 でした。また，$t_9(0.025) = 2.26$ ですので，信頼区間の下限は，

$$7.003 - 2.26\sqrt{(0.202/10)} = 6.682$$

となります。同様に信頼区間の上限は 7.324 となります。よって，ある市の中学 3 年生のサッカー部員において，50 m 走の平均の 95% 信頼区間は，6.682 秒以上 7.324 秒以下となります。ただし，ここでは，小数点以下第 4 位を四捨五入して小数点以下第 3 位まで求めています。

演習問題

【問題 8.2】

ある大学の学生 30 人を無作為に選び，脈拍数を調べました。この 30 人の平均は 71.4 で，不偏分散は 100.98 でした。このデータにもとづいて，この大学の学生の脈拍数の 95% 信頼区間を求めなさい。

(4)　分散 $\boldsymbol{\sigma^2}$ の 95%信頼区間

$\hat{\sigma}^2$ の分布は σ^2 に依存しますが，$(n-1)\dfrac{\hat{\sigma}^2}{\sigma^2}$ の分布は μ や σ^2 には依存せず，自由度 $(n-1)$ のカイ 2 乗分布となります。そこで，自由度 $(n-1)$ のカイ 2 乗分布の累積分布関数 $F(x)$ が 0.975 となる x の値を考えます。この値を $\chi^2_{(n-1)}(0.025)$ と表し，上側 2.5% 点と呼びます。また，$F(x)$ が 0.025 となる x の値を $\chi^2_{(n-1)}(0.975)$ と表し，下側 2.5% 点と呼びます。カイ 2 乗分布の上側 2.5% 点や下側 2.5% 点についても，巻末の付表を使って求めてください。この 2 つの値を用いますと，

$$\chi^2_{(n-1)}(0.975) \leq (n-1)\frac{\hat{\sigma}^2}{\sigma^2} \leq \chi^2_{(n-1)}(0.025)$$

が 95% の確率で成り立ちます。このことを利用して，次のような分散の 95% 信頼区間を構成できます。

σ^2 の 95%信頼区間

$$\frac{(n-1)\hat{\sigma}^2}{\chi^2_{(n-1)}(0.025)} \leq \sigma^2 \leq \frac{(n-1)\hat{\sigma}^2}{\chi^2_{(n-1)}(0.975)} \tag{8.8}$$

例 8.3　例 8.1 のデータを使って，分散 σ^2 の 95% 信頼区間を構成してみましょう。分散の推定値は 0.202 でした。また，$\chi^2_9(0.025) = 19.02$ ですので，信頼区間の下限は，

$$\frac{9 \times 0.202}{19.02} = 0.096$$

となります。同様に，$\chi^2_9(0.975) = 2.70$ ですので，信頼区間の上限は 0.673 となります。よって，σ^2 の 95% 信頼区間は，0.096 以上 0.673 以下となります。ここでは，小数点以下第 4 位を四捨五入して小数点以下第 3 位まで求めています。

8.2　中心極限定理

平均 μ の信頼区間を構成する際に，$(\bar{X} - \mu)/\sigma$ が標準正規分布に従う性質を用いました。実は，確率モデルが正規分布でない場合でも，データのサイズが大きければ，これに近い性質が成り立つことが知られています。その背景に**中心極限定理**があります。中心極限定理の証明は簡単ではありませんので，ここではどのような定理なのかを紹介しておきます [*1]。

---

*1　中心極限定理の証明については，確率論に関する本に詳しく書かれています。少し，数学的になりますが，参考文献[1]の熊谷隆 (2003) などを参照してください。

中心極限定理

$X_1, X_2, \ldots, X_n$ は独立で同じ分布をもつ確率変数で，確率変数の平均は μ，分散は σ^2 であると仮定します。$\bar{X} = \dfrac{X_1 + X_2 + \cdots + X_n}{n}$ とおくとき，n を大きくすると，$\dfrac{\sqrt{n}(\bar{X} - \mu)}{\sigma}$ の分布がだんだん標準正規分布に近づきます。

もちろん，正規分布モデルの場合はいつでも標準正規分布になるのですが，正規分布以外の確率分布モデルでもだんだん標準正規分布に近づいていくのです。証明は難しいので，ここではシミュレーションの結果を示しましょう。できるだけ正規分布とは異なる分布を考えるために，0 以上 1 以下の値を一様にとる [0, 1] 上の一様分布を考えましょう。一様分布はどの値も同じ割合で起こることを仮定していますので，正規分布のようにピークがありませんし，値にも 0 以上 1 以下という制限がありますので，かなり正規分布と異なる分布と考えることができるでしょう。また，一様分布に従うような確率変数はコンピュータを利用して発生させることができます。たとえば，Excel では RAND() という関数を用いることで，一様分布に従う乱数を発生させることができますので，自分で実験してみることもできるでしょう。まず，5 個の一様分布に従う乱数を生成します。一様分布の平均は 1/2，分散は 1/12 ですので，5 個の乱数の和は，平均 5/2，分散 5/12 となります。次に，この 5 個の乱数の和をこの平均と分散を使って標準化したものを求めます。この操作を 1000 回繰り返し，そのヒストグラムを描いたものが，図 8.3 の左側のヒストグラムです。同様に，20 個の一様分布に従う乱数の和を標準化したものについても，図 8.3 の右側に，そのヒストグラムを表しています。

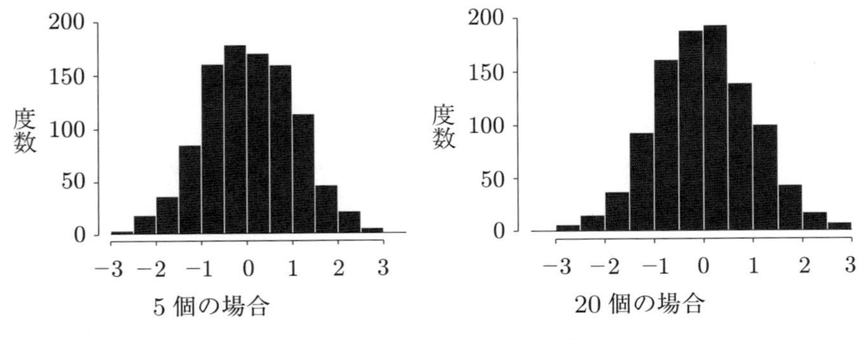

図 8.3　シミュレーション結果

どちらもひと山の分布をしており正規分布モデルの密度関数と似た形をしていますが，5 個の和を考える場合よりも，20 個の和を考える場合の方が，標準正規分布に近くなっています。ここでは一様分布の場合だけを考えましたが，その他の分布でも同じような結果が得られます。

実は，2 項分布モデルは，一つひとつの実験の結果を成功ならば 1，失敗ならば 0 とする確率変数と考えますと，成功の回数はこれらの確率変数の和として表すことができます。そのため，中心極限定理を適用することができ，繰り返し回数をだんだん増やすことで，2 項分布はだんだん正規分布に近づいていきます。図 4.1 の 2 項分布のヒストグラムを見ても正規分布とよく似た，ひと山の分布となっていることがわかります。実は，割合 p の 95% 信頼区間を構成する際には，正規分布での近似を利用しています。式 (4.2) をみますと，信頼区間は p の推定量 X/N を中心として，X/N の分散の推定量 $\dfrac{N(N-X)}{N^3}$ のルートの 2 倍の幅をとるという形をしていることがわかります。近似的な計算をしているため，1.96 ではなく 2 を使っていますが，形としては正規分布の平均の信頼区間の構成法とよく似ていることがわかるでしょう。また，ポアソン分布

の平均 λ の信頼区間についてもこの正規分布での近似を用いています。中心極限定理を用いると，このほかにも多くの確率分布モデルでこの形の信頼区間を構成することができます。

8.3　平均 μ に関する検定

次に，正規分布モデルでの平均 μ に関する検定問題を考えていきましょう。第 5 章でまとめた検定の流れに沿って検定を構成していきます。

まず，確率モデルとして，確率変数 $X_1, X_2, \ldots, X_n$ は独立で，平均 μ，分散 σ^2 の正規分布に従うものと仮定します。ここでは，ある値 μ_0 に対して，帰無仮説 $\mu = \mu_0$ の検定を考えます。平均 μ の推定量としては，$\bar{X}$ を用いていましたので，基本的には，$\bar{X}$ が μ_0 から離れた値をとるときに，帰無仮説を棄却するという方針で進めます。

σ^2 の値がわかっているときには，帰無仮説 $\mu = \mu_0$ が成り立っていれば，$\dfrac{\sqrt{n}(\bar{X} - \mu_0)}{\sigma}$ の分布が標準正規分布となります。このことから，

$$\left|\frac{\sqrt{n}(\bar{X} - \mu_0)}{\sigma}\right| > 1.96$$

のときに帰無仮説を棄却することで，有意水準 5% の検定を構成できます。

σ^2 がわからないときには，データから分散を推定する必要がありますので，σ^2 を $\hat{\sigma}^2$ で置き換えます。信頼区間を構成したときに求めたように，帰無仮説 $\mu = \mu_0$ が成り立っていれば，$\dfrac{\sqrt{n}(\bar{X} - \mu_0)}{\sqrt{\hat{\sigma}^2}}$ の分布は，自由度 $(n-1)$ の t 分布となります。このことから

$$\left|\frac{\sqrt{n}(\bar{X} - \mu_0)}{\sqrt{\hat{\sigma}^2}}\right| > t_{(n-1)}(0.025)$$

のときに帰無仮説を棄却することで，有意水準 5% の検定を構成できます。

片側検定と両側検定

平均 μ に関する検定では，$\bar{X}$ が μ_0 よりも大きい方向に離れている場合も小さい方向に離れている場合にも帰無仮説を棄却することにしています。このような検定を**両側検定**といいます。これに対して，$\bar{X}$ が大きい方向（あるいは小さい方向）に離れている場合だけに帰無仮説を棄却するような検定も存在します。このような検定を**片側検定**といいます。たとえば，σ^2 がわからない場合の帰無仮説 $\mu = \mu_0$ の有意水準 5% の検定を考えますと，その棄却域は

$$\frac{\sqrt{n}(\bar{X} - \mu_0)}{\sqrt{\hat{\sigma}^2}} > t_{(n-1)}(0.05)$$

となります。ここで，$t_{(n-1)}(0.05) < t_{(n-1)}(0.025)$ が成り立ちますので，両側検定では帰無仮説が棄却できない場合でも，片側検定では帰無仮説が棄却できる場合が生じます。だからといって，安易に片側検定を用いるべきではありません。片側検定を用いるには，実験や調査をスタートさせる時点において，あらかじめ $\mu > \mu_0$ にしか興味がない場合で，そのように考えることが一般的にも認められる場合に限定すべきです。一般には，できるだけ両側検定を用いる方がよいのです。

演習問題

【問題 8.3】

X_1, X_2, X_3, ..., X_{10} がそれぞれ独立に平均 20，分散 100 の正規分布 $N(20,\ 100)$ に従うものとします。このとき，$\bar{X} = \dfrac{1}{10}\sum_{i=1}^{10} X_i$ の分布を求めなさい。

【問題 8.4】

高血圧患者 10 人に対して，降圧剤を 1 週間投与したときの効果をスタート前と 1 週間後の収縮期血圧の変化量を使って調べました。10 人の

1 週間の間の変化量の平均は −2.3 で，変化量の分散の推定量は 1.6 となりました。このデータを使って，1 週間の変化量の平均が 0 かどうかの検定を行います。このとき，統計量の値は −5.75 で，自由度 9 の t 分布の上側 2.5% 点は 2.26 でした。このことから，統計的検定を使って，平均が 0 かどうかを判断しなさい。ただし，有意水準は 5% とします。

参考文献

[1]　熊谷　隆『確率論』共立出版，2003

[2]　柴田義貞『正規分布』東京大学出版会，1981

[3]　前園宜彦『概説　確率統計（第 2 版）』サイエンス社，2009

9 正規分布モデルでの群間の比較

《目標＆ポイント》 この章では，正規分布モデルにおいて複数の群の間で平均に違いがあるかどうかを調べる統計的な手法を取り扱います。まず，2群の比較の方法としてt検定を紹介します。この検定方法は，統計手法の中でも非常によく用いられる手法です。また，3つ以上の群の平均を比較する方法として，一元配置分散分析を説明します。一元配置分散分析がどのような場合に用いられる手法であるのか，また，この検定結果が何を意味しているのか，をしっかり把握してください。さらに，2群ごとに対比較を行う際に用いられる多重比較の手法についても紹介します。一元配置分散分析と多重比較法の違いについても理解しておきましょう。
《キーワード》 t検定，分散分析表，群内変動，群間変動，F分布，多重比較

9.1 2群の比較

2つの群の比較について考えます。ここでは，2つの群の母集団の分布としてそれぞれ正規分布モデルを仮定して，その平均に違いがあるかどうかを調べる検定を紹介します。まず，状況を理解してもらうために，次のような例を考えましょう。

例 9.1 ある薬が血圧を下げる効果があるかどうかを考えます。血圧の測定の際には，収縮期血圧（値の大きい方）と拡張期血圧（値の小さい方）の2つの値を測定しますが，ここでは収縮期血圧の結果を用いることにします。降圧剤を服用していない軽症の高血圧の患者さんを集め，その人々を2つの群に分けます。できるだけ，似た群にするために無作為に分けることにします。一方の群（投与群）に薬を投与し，もう一方の

群（非投与群）には薬を投与しないで，ある期間過ごしてもらい，その期間の収縮期血圧の変化を調べました。その結果，2 つの群の収縮期血圧の変化量の分布は次のようになりました。

	標本サイズ	平均	標準偏差
投与群	20	−8.09	5.26
非投与群	25	−1.84	4.42

統計的検定を用いて，投与群と非投与群の結果を比較して効果があるかどうかを調べる方法を考えてみましょう。まず，確率モデルとして，投与群の収縮期血圧の変化量 $X_1, X_2, \ldots, X_m$ は平均 μ_1，分散 σ^2 の正規分布とし，非投与群の収縮期血圧の変化量 $Y_1, Y_2, \ldots, Y_n$ は平均 μ_2，分散 σ^2 の正規分布と仮定します。ここでは 2 つの群の分散は等しいことを仮定しています。このとき，帰無仮説 $\mu_1 = \mu_2$ の検定を考えましょう。投与群の収縮期血圧の変化量の平均を $\bar{X}$ とし，非投与群の平均を $\bar{Y}$ とします。平均の違いを見る検定ですので，統計量のベースとして，2 つの群の平均の差 $\bar{X} - \bar{Y}$ を考えます。第 8 章の $\bar{X}$ の分布や第 7 章の正規分布の性質を用いることで，$\bar{X} - \bar{Y}$ の分布は，平均 $\mu_1 - \mu_2$，分散 $\left(\frac{1}{m} + \frac{1}{n}\right)\sigma^2$ となります。この分布は，μ_1 と μ_2 だけでなく，σ^2 の値によっても変化します。ここでは 2 つの群の分散は等しいと仮定していますので，2 つの群両方のデータを用いて，次の統計量で分散を推定します。

$$\hat{\sigma}^2 = \frac{(X_1 - \bar{X})^2 + \cdots + (X_m - \bar{X})^2 + (Y_1 - \bar{Y})^2 + \cdots + (Y_n - \bar{Y})^2}{m + n - 2}$$

$\bar{X} - \bar{Y}$ の平均は 0 になるので，$\bar{X} - \bar{Y}$ を $\hat{\sigma}^2$ を使って標準化した

$$T = \frac{\bar{X} - \bar{Y}}{\sqrt{\left(\frac{1}{m} + \frac{1}{n}\right)\hat{\sigma}^2}} \tag{9.1}$$

は，2 つの群の平均が等しいときには自由度 $(m+n-2)$ の t 分布となります。ここで，自由度が $m+n$ よりも 2 小さくなっているのは，$\bar{X}$ と $\bar{Y}$ を平均 μ_1 と μ_2 の代わりに用いているので，自由度が 2 つ下がっているのです。T の値の絶対値が大きいときには，平均の違いが大きくなっているので，有意水準を 5% としたとき，帰無仮説を棄却する範囲は，

$$|T| > t_{(m+n-2)}(0.025)$$

とします。

t 検定

2 つの群が分散の等しい正規分布モデルを適用できるものと仮定します。このとき，2 つの群の平均が等しいという帰無仮説に対して，

$$|T| > t_{(m+n-2)}(0.025)$$

のとき帰無仮説を棄却すると，有意水準 5% の検定となります。

この検定は，t 検定と呼ばれています。例 9.1 では，X_1 や Y_1 のような一つひとつのデータは与えられていませんが，各群の平均や標準偏差の推定量が与えられていますので，これらを使って検定統計量 T を求めることができます。投与群の標本サイズは 20，非投与群の標本サイズは 25 ですので，$m=20$，$n=25$ となります。また，各群の平均が与えられていますので，$\bar{X}=-8.09$，$\bar{Y}=-1.84$ となり，$\bar{X}-\bar{Y}=-6.25$ となります。分散の推定量については，すこし工夫が必要です。投与群の標準偏差は 5.26 ですので，これを 2 乗して $m-1$ 倍することで，投与群での $(X_1-\bar{X})^2+\cdots+(X_m-\bar{X})^2$ を計算することができ，525.7 となります。同様に，$(Y_1-\bar{Y})^2+\cdots+(Y_n-\bar{Y})^2$ は，468.9 となります。これらの数値を用いると，統計量 T は次のように計算できます。

$$T = \frac{-8.09-(-1.84)}{\sqrt{\left(\frac{1}{20}+\frac{1}{25}\right)\frac{525.7+468.9}{20+25-2}}} = -4.332$$

この場合，t 分布の自由度は 43 ですので，t 分布の上側 2.5% 点は，2.017 となります。この値は付表では省略されていますので，Excel の関数などを使って求めてください。今，検定統計量の絶対値は 4.332 であり，2.017 よりも大きくなっていることから，有意水準 5% で帰無仮説を棄却でき，投与群と非投与群では収縮期血圧の変化量に違いがあることがわかります。もちろん，2 つの群の分散が等しくない場合には，この検定を用いることはできません。この場合，この方法を修正したウェルチ（Welch）の方法が用いられます。この点は少し専門的になりますので，ここでは詳しく説明はいたしません。詳しくは，参考文献[2]の前園 (2009) を参照してください。

9.2　多群の比較

次に，群の数が 3 つ以上ある場合を考えましょう。ここでは，仮想的な例ですが，次のようなデータを考えてみましょう。

例 9.2　3 つの運動プログラムの効果を比較するために，30 人のボランティアを対象とした実験を行いました。まず，30 人のボランティアを無作為に 3 つのグループに分けます。そして，グループ毎に異なる運動プログラムを 1 ヶ月間受けてもらいます。運動プログラムの効果を調べるため，プログラムのスタート前の体脂肪率とプログラム終了時の体脂肪

タイプ 1	−0.14	0.14	−1.57	−0.90	1.23	0.08
	0.99	0.14	0.83	−0.42		
タイプ 2	−0.07	−0.86	−2.77	0.68	0.43	−0.91
	−0.41	0.19	0.61	0.04		
タイプ 3	−1.49	−2.00	−0.33	−1.85	−0.26	−0.17
	−1.38	−1.29	−1.27	−0.40		

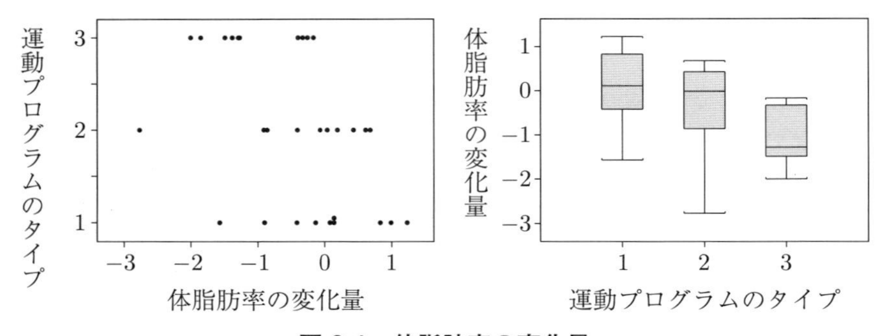

図 9.1　体脂肪率の変化量

率を測定しました。プログラムの前後の体脂肪率の差は前ページの表のようになりました。

この実験では，3 つ運動プログラムの中でどのプログラムが効果的なのかを統計的に分析することを目的としています。

まずは，このデータの分布の特徴を見ていきましょう。図 9.1 に各タイプのドットプロットと箱ひげ図を表しています。ドットプロットを見ますと，タイプ 2 には 1 個だけ極端に小さな値が含まれていることがわかります。この 1 個を除けば，全体的にタイプ 3 の方が，タイプ 2 よりも体脂肪率の減少が大きい傾向があることがわかります。一方，タイプ 1 については，バラツキが大きく，タイプ 2 との違いは明確ではありません。一方，箱ひげ図を見ますと，タイプ 1 とタイプ 2 の四分位数や最小値，最大値を比べますと，値はすべてタイプ 2 の方が小さいことがわかります。また，表 9.1 には，各運動プログラムでの体脂肪の変化量の平均，標準偏差，中央値の 3 つの値を表示しています。この値を見ると，タイプ 3 が他の 2 つのタイプに比べて，体脂肪率の減少が大きい傾向が見られます。さて，このデータのように複数のグループを比較する際に用いる統計的方法について，次に考えていきます。2 群の平均の差の検定

表 9.1　各群の体脂肪率の変化量の特性値

プログラム	標本数	平均	標準偏差	中央値
タイプ1	10	0.04	0.86	0.11
タイプ2	10	−0.31	1.03	−0.02
タイプ3	10	−1.04	0.69	−1.28

については，9.1 節ですでに説明していますので，ここでは 3 群以上の比較に拡張した場合を考えていくことにします。

一般的に多群（K 群）の比較のデータとその確率分布モデルを表現してみましょう。各群の測定値を次のように表現します。

$$
\begin{array}{lllll}
\text{第1群} & Y_{1,1}, & Y_{1,2}, & \ldots, & Y_{1,n_1} \\
\text{第2群} & Y_{2,1}, & Y_{2,2}, & \ldots, & Y_{2,n_2} \\
\vdots & \vdots & \vdots & & \vdots \\
\text{第}K\text{群} & Y_{K,1}, & Y_{K,2}, & \ldots, & Y_{K,n_K}
\end{array}
$$

ここでは，各 Y に 2 つの添え字がついていますが，最初の添え字が属する群の番号を表し，2 つめの添え字は群内での順番を表しています。ここでは，第 k 群の標本のサイズは n_k で，群ごとに標本サイズは異なってもよいものとします。

各群のデータは，正規分布に従うものと仮定し，9.1 節の 2 群の平均の差の場合と同様に，分散はすべての群で共通の値をとるものとします。すなわち，第 k 群のデータは，平均 μ_k，分散は σ^2 の正規分布であるという確率モデルを考えることになります。

さて，この確率モデルの下で，すべての群が同じ分布となるかどうかを調べて見ましょう。分散が等しい正規分布であることを既に仮定していますので，

$$\text{帰無仮説: } \mu_1 = \mu_2 = \cdots = \mu_K$$

が成り立てば，すべての群の分布が等しくなります。まず，帰無仮説が成り立つものとして，すべての群に共通する平均の値を μ と表すことにします。このとき，μ の推定量は，

$$\hat{\mu} = \frac{1}{n}\sum_{k=1}^{K}\sum_{i=1}^{n_k} Y_{k,i}$$

で与えられます。ただし，$n = n_1 + n_2 + \cdots + n_K$ で，$\hat{\mu}$ はすべての測定値の合計をすべての測定値の数で割った形になっています。一方，第 k 群の平均の推定量は $\hat{\mu}_k = \frac{1}{n_k}\sum_{i=1}^{n_k} Y_{k,i}$ となります。そして，各測定値と，帰無仮説のもとでの平均の推定量 $\hat{\mu}$ とのズレを

$$S_T = \sum_{k=1}^{K}\sum_{i=1}^{n_k}(Y_{k,i} - \hat{\mu})^2$$

で測ることとし，これを**全平方和**と呼びます。これに対して，各群の平均とのズレを

$$S_E = \sum_{k=1}^{K}\sum_{i=1}^{n_k}(Y_{k,i} - \hat{\mu}_k)^2$$

で測ることとし，これを**群内変動**と呼びます。群内変動 S_E は正規分布モデルが成り立っていれば，帰無仮説が成り立っていてもいなくても分散 σ^2 のみに依存する分布となりますが，全平方和 S_T は帰無仮説が成り立たなければ，その分だけ大きな値をとることになりますので，その差 $S_T - S_E$ を**群間変動**と呼び，S_B で表します。S_B は次のように変形することもできます。

$$S_B = S_T - S_E = \sum_{k=1}^{K} n_k(\hat{\mu}_k - \hat{\mu})^2$$

この検定では，S_B と S_E の比を考えて，次の統計量 F が用いられます。

$$F = \frac{S_B/(K-1)}{S_E/(n-K)} \tag{9.2}$$

一般的に，帰無仮説が成り立っていれば，F の分布は σ^2 や共通の平均 μ の値にかかわらず，自由度 $(K-1,\ n-K)$ の F 分布となります。

ここで，F 分布について少し説明をします。F 分布は，独立にカイ 2 乗分布に従う 2 つの確率変数 X，Y によって導かれる分布で，X の自由度を a，Y の自由度を b とすると，F 分布は $\dfrac{X/a}{Y/b}$ の分布として定義されます。そして，この分布は自由度 $(a,\ b)$ の F 分布と呼ばれています。F 分布の密度関数や累積分布関数も，t 分布やカイ 2 乗分布と同様に複雑な形をしていますので，いくつかの自由度の組み合わせに対して図 9.2 の F 分布の密度関数のグラフを描いています。この図を用いて，その特徴を見ていきます。自由度が (1, 18) や (2, 27) のときには 0 に近い値が出やすく，x の値が大きくなるにつれて密度関数は小さくなっていますが，自由度が (3, 27) や (10, 27) の場合にはひと山の分布となり，最初の自由度が大きくなるにつれて，その山がだんだん右に移動しています。

さて，多群の平均の検定に話を戻しましょう。式 (9.2) の統計量 F を使って，すべての群の平均が等しいかどうかを調べる検定を構成します。まず，$F_{(K-1,\ n-K)}(0.05)$ を自由度 $(K-1,\ n-K)$ の F 分布の上側

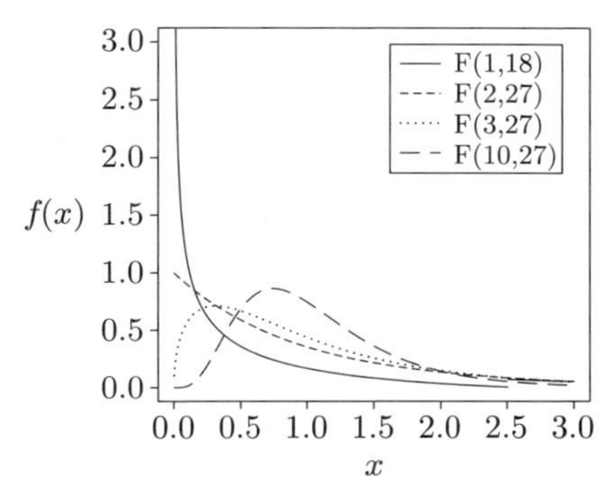

図 9.2　F 分布の密度関数

5% 点とします。F 分布の上側 5% 点についても t 分布やカイ 2 乗分布と同様に，付表を用いて求めることができます。帰無仮説が正しければ，F の値が，この上側 5% 点よりも大きい値をとる確率は，5% となりますので，次のような検定を構成できます。

一元配置分散分析

確率モデルとして，すべての群が分散の等しい正規分布に従うものと仮定します。このとき，すべての群の平均が等しいという帰無仮説に対して

$$F = \frac{S_B/(K-1)}{S_E/(n-K)} > F_{(K-1,\, n-K)}(0.05)$$

のとき帰無仮説を棄却すると，有意水準 5% の検定となります。

この検定法は，**一元配置分散分析**と呼ばれています。実際の解析においては，次の分散分析表を使って，結果をまとめていきます。

分散分析表

	自由度	平方和	平均平方和	F	p 値
群間	$K-1$	S_B	$S_B/(K-1)$	$\frac{S_B/(K-1)}{S_E/(n-K)}$	p 値
群内	$n-K$	S_E	$S_E/(n-K)$		
全体	$n-1$	S_T			

具体的に，例 9.2 では，分散分析表は次のようになります。

分散分析表

	自由度	平方和	平均平方和	F	p 値
群間	2	6.11	3.05	4.02	0.03
群内	27	20.50	0.76		
全体	29	26.61			

自由度 (2, 27) の F 分布の上側 5% 点は 3.35 ですので，3 つのタイプの運動プログラムにおいて，有意水準 5% で体脂肪率の変化の平均に違いがあることが示されたことになります。例 9.2 に対する分散分析表は，表計算ソフトを使って計算することができます。p 値の計算が少し難しいですが，Excel であれば，FDIST という関数が準備されており，

$$\mathrm{FDIST}(F\text{ の値，群間の自由度，群内の自由度})$$

のように入力することによって計算することができます。

意味をつかむためには，元となっているデータから計算して，一度この分散分析表を作ってみるのもよいでしょう。ただし，上の表は，小数点以下第 3 位を四捨五入して表示していますので，表中の値そのものを使うと，若干のズレが生じるかもしれません。その点は注意してください。もちろん，統計ソフトウエアがあれば，それを用いて分析してみてもよいでしょう。

9.3　多重比較

一元配置分散分析を行って，群間に違いがあることがわかったとします。このとき，どの群とどの群の間に違いがあるのか，という点が気になるでしょう。2 つの群の比較をする方法としては，9.1 節で説明した 2 群の差の t 検定があります。t 検定を用いて，例 9.2 の 3 つの群を比較してみましょう。表 9.2 の左側の表に，2 群毎に t 検定を行った場合の T 統計量の値を表示しています。自由度 18 の t 分布の上側 2.5% 点は 2.10 ですので，タイプ 1 とタイプ 3 の間に有意水準 5% で有意な差がある，という結果になっています。

表 9.2　t 検定と多重比較の違い

	タイプ 2	タイプ 3
タイプ 1	0.81	3.10*
タイプ 2		1.88

t 検定の結果

	タイプ 2	タイプ 3
タイプ 1	0.89	2.78*
タイプ 2		1.89

テューキーの多重比較の結果

しかし，この方法には問題があります。統計的な検定では，帰無仮説が成り立っているときに，誤って帰無仮説を棄却する確率を有意水準以下に抑えるように構成してきました。今の場合には，検定のスタートとしては3群の平均がすべて等しいという帰無仮説を考えています。すべての群の平均が等しいことを前提としたとき，今行っているように有意水準5%のt検定を3回繰り返しますと，3回の検定の中で少なくともひとつの検定で有意となる確率は，5%よりも大きくなります。ひとつだけのt検定を考えるだけで誤って有意差があるとする確率が5%となりますので，これは当然です。この点を考慮して，すべての平均が等しいときに違いが生じる確率を有意水準以下に抑えるような手法がいろいろと提案されています。これらは総称して**多重比較法**と呼ばれています。ここでは，その中のひとつである**テューキーの方法**を紹介しましょう。

テューキーの方法では，群間で共通している分散の推定をすべての群のデータを用いて行います。分散の推定量をVとすると，Vは次のような形で与えられます。

$$V = \frac{\displaystyle\sum_{k=1}^{K}\sum_{i=1}^{n_k}(Y_{k,i} - \hat{\mu}_k)^2}{\displaystyle\sum_{k=1}^{K}(n_k - 1)} = \frac{S_E}{n - K}$$

この値は，分散分析を行う際に計算した群内変動の平均平方和と一致します。次に，j群とk群の平均の差の推定量$\hat{\mu}_j - \hat{\mu}_k$の分散が$\sigma^2\left(\dfrac{1}{n_j} + \dfrac{1}{n_k}\right)$であることから，$\hat{\mu}_j - \hat{\mu}_k$を標準化した

$$\tilde{T}_{j,k} = \frac{\hat{\mu}_j - \hat{\mu}_k}{\sqrt{V\left(\dfrac{1}{n_j} + \dfrac{1}{n_k}\right)}}$$

を求め，$\tilde{T}_{j,k}$ を多重比較における統計量とします。次に各群間比較が有意となる基準値を，すべての平均が等しい場合に少なくとも一組の群で平均に違いがあると判断する確率を有意水準で抑えるように設定します。この求め方については複雑ですので，ここでは省略します。詳しい内容については，参考文献[1]の永田・吉田 (1997) を参照してください。

例 9.2 での $\tilde{T}_{j,k}$ を表 9.2 の右側に示しています。t 検定の統計量の値との違いは，分散の推定をすべてのデータを用いて行っている点だけですので，数値的にそれほど大きな変化は見られません。しかし，有意となる基準値が違ってきます。この例では，有意水準 5% とすると $|\tilde{T}_{j,k}|$ が 2.48 以上のときに有意な差となります。t 検定では，2.10 以上のときに有意であると判断していますので，少し厳しい規準となっていることがわかるでしょう。例 9.2 の場合には，タイプ 1 とタイプ 3 の間に有意な差が見られますので，結論は変わりませんが，データによっては t 検定では有意な差となっても多重比較を行うと有意とならない場合が起こります。

一般的に，多重比較では群の数が多くなるほど，有意な差が出にくくなるため，実験を計画する段階や解析をする際に工夫が必要な場合もあります。また，解析方法についてもテューキーの方法以外にも多くの方法が提案されていますので，解析の目的に合わせて適切な方法を選択することが重要になるでしょう。

演習問題

【問題 9.1】

ある市の中学 3 年生のサッカー部員と陸上部員のなかからそれぞれ無作為に 10 人を選び，50 m 走の記録（単位　秒）を調べたところ，次のような結果となりました。

サッカー部	7.36	6.85	6.86	6.92	8.06
	6.35	7.03	6.99	6.71	6.90
陸上部	6.87	7.93	6.65	7.61	7.31
	6.83	7.22	7.45	7.27	7.16

この結果から，t 検定を使って，有意水準 5% で，サッカー部と陸上部の平均に違いがあるかどうかを判断しなさい。

【問題 9.2】

A，B，C の 3 種類のスポーツでの運動後の心拍数の違いを調べることにしました。60 人のボランティアを集めて，無作為に 3 つのスポーツを 20 人ずつ割り振りました。それぞれ割り当てられたスポーツを行った後の心拍数は次のようになりました。

A	148	173	190	182	153	190	194
	182	196	171	191	178	167	192
	175	191	187	171	181	190	
B	163	193	176	144	174	188	172
	160	171	153	156	173	159	190
	159	170	147	170	172	175	
C	162	180	128	166	163	173	145
	179	166	154	179	162	164	148
	164	186	157	169	165	172	

一元配置分散分析を使って，有意水準 5% でこの 3 種類の運動で平均心拍数に違いがあるかどうかを調べなさい。

【問題 9.3】

群の数が 4 つあるとき，2 群間の比較を t 検定を繰り返し使って検定を行いました。この方法の問題点について説明しなさい。

参考文献

[1]　永田靖・吉田道弘『統計的多重比較法の基礎』サイエンティスト社，1997
[2]　前園宜彦『概説　確率統計（第 2 版）』サイエンス社，2009

10 回帰分析

《目標＆ポイント》 この章では，変数 Y を別の変数 X を用いて予測する問題について紹介します。回帰分析は，X の一次式 $aX+b$ を使って Y を予測する方法で，統計学ではよく用いられている手法のひとつです。予測式の求め方も大切ですが，実際の解析では統計用のソフトウエアを用いることが多くなると考えられますので，予測式の意味や関連する信頼区間や検定の必要性についてしっかり理解することが大切です。また，この分析方法を適用する際の注意点についても説明しています。予測式のデータへのあてはまりの良さをチェックすることの必要性や相関と因果関係との違いなどについてもしっかり把握しておいてください。

《キーワード》 相関係数，因果関係，寄与率，残差平方和，回帰平方和，全平方和，回帰直線

10.1 2変数の関係

第4章から第9章において，データのバラツキを確率分布モデルを用いて表現し，その特徴を分析してきました。しかし，データのバラツキの中にはその他の変数を用いることで，ある程度予測できる場合があります。

例 10.1 学校保健統計調査のデータをもう一度考えます。今回は平成22年度の中学校3年生男子の体重の分布を見てみましょう（図10.1）。体重の分布は身長の分布ほど左右対称ではなく，少し大きなデータの方へ引っ張られています。分布の特徴量である平均と標準偏差を求めてみますと，体重の平均は53.9 kgで標準偏差は9.7 kgとなります。平均＋2標

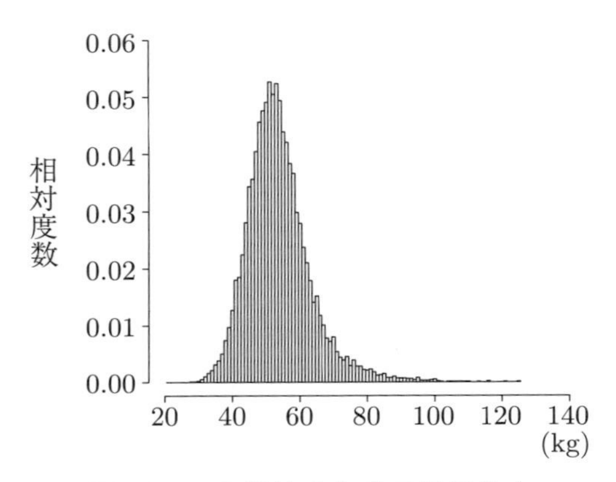

図 10.1　中学校 3 年生の体重分布

準偏差は 73.3 kg ですので，体重の分布が正規分布と仮定しますと 74 kg 以上の生徒は理論的に約 2.5% となります。しかし，実際のデータでは 4.0% ですので，やはり値の大きなデータが少し多いことがわかります。

ある中学 3 年生の体重を調べたところ 65 kg であったとします。65 kg は平均 + 標準偏差とほぼ一致しますので，65 kg の生徒は重い方から考えておよそ 16% のところに位置すると考えられますので，全体の中で重い方に位置することがわかるでしょう。しかし，体重を考える場合には，全体での位置だけで見るのではなく，身長と一緒に考えることが多いでしょう。これは，身長が高い人ほど体重が重い傾向があることをみんな知っているからです。

例 10.2　20 人の中学 3 年生男子の身長と体重を調査したところ，次の表のような結果が得られたとしましょう。

ID	1	2	3	4	5	6	7	8	9	10
身長	161	181	167	167	167	166	163	156	177	176
体重	40	67	68	63	51	49	35	49	58	72

ID	11	12	13	14	15	16	17	18	19	20
身長	167	164	174	164	169	159	170	162	157	156
体重	52	53	58	62	65	59	66	44	55	33

このデータの身長と体重の関係をみるために，散布図を図 10.2 に示しました。

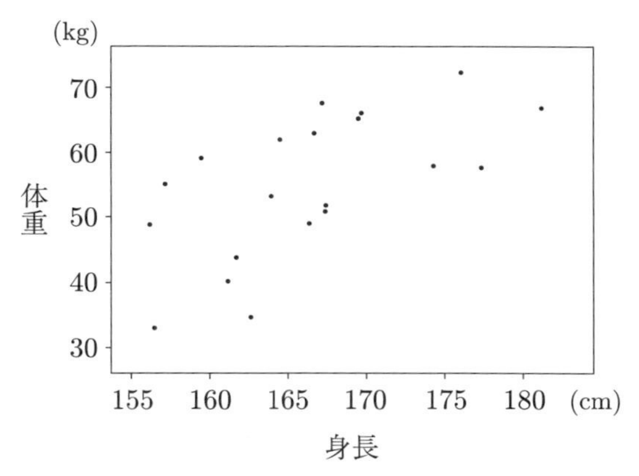

図 10.2　身長と体重の関係

この散布図を見ますと，身長の高い人の方が全体的に体重が重い傾向が見られます。この章では，このような 2 つの変数の間の関係について考えていきます。

2 つの変数の間の関係の強さを調べる指標として，（ピアソンの）**積率相関係数**，あるいは，単に**相関係数**と呼ばれるものがあります。相関係数 r は，例 10.2 の身長と体重のように 2 つの変数がペアとなっているデータ $(x_1,\ y_1),\ (x_2,\ y_2),\ \ldots,\ (x_n,\ y_n)$ が与えられたときに，次のように計算します。

$$r = \frac{\displaystyle\sum_{i=1}^{n}(x_i - \bar{x})(y_i - \bar{y})}{\sqrt{\displaystyle\sum_{i=1}^{n}(x_i - \bar{x})^2 \sum_{i=1}^{n}(y_i - \bar{y})^2}} \tag{10.1}$$

ここで，$\bar{x} = \frac{1}{n}\sum_{i=1}^{n} x_i$，$\bar{y} = \frac{1}{n}\sum_{i=1}^{n} y_i$ で，x と y の平均を表します。

相関係数の分子を n で割ったものを共分散といいます。第 5 章で確率変数の共分散について書きました。確率変数の共分散とデータの共分散の違いはありますが，基本的には同じような概念で，2 つの変数 x と y の関係を調べています。共分散の各項は $(x_i - \bar{x})(y_i - \bar{y})$ となっていますので，x_i と y_i の値がともに平均値よりも大きい場合や，逆にともに平均値よりも小さい場合には，正の値をとりますが，一方が平均よりも大きく，もう一方が平均よりも小さい場合には負の値をとります。そのため，散布図を $(\bar{x}, \bar{y})$ の座標を中心に水平な線と垂直の線を引いて，図 10.3 のように 4 つの領域に分けますと，右上や左下の点が多いときには，共分散は正の値をとり，右下や左上の点が多いときには，共分散は負の値をとります。分母は特別な場合を除いて，正の値をとりますので，共分散の符号と相関係数の符号は一致します。

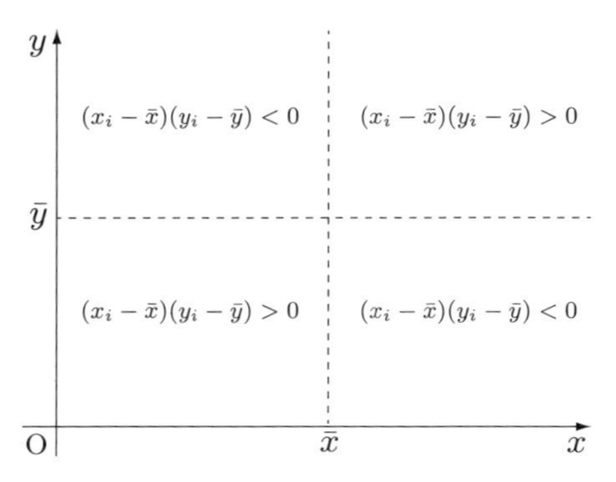

図 10.3　共分散の符号

また，分母は n で割ると，x の標準偏差と y の標準偏差の積になっていますので，x や y の尺度を変換しても相関係数の値は変わらず，相関係数は，-1 以上 1 以下の値をとります。この証明については，たとえば，参考文献[1]の倉田・星野 (2009) を参照してください。

特別な場合として，右上がりの直線上にすべてのデータが載っている場合には，相関係数は 1 となり，右下がりの直線上に載っている場合には相関係数は -1 となります。このように，相関係数は直線的な傾向があるかどうかを測る指標となっています。例 10.2 のデータで体重と身長の相関係数を求めますと 0.63 となり，右上がりの直線に近い傾向があることがわかります。ただし，y が x の 2 次関数に近いときのように，直線的でない関係については，相関係数では見ることができませんので，必ず，散布図を描いて全体的な傾向を見ることも重要です。

ここで，これまでに説明した相関係数の性質をまとめますと，次のようになります。

相関係数の性質

- 相関係数は -1 以上 1 以下の値となる
- 全体的に右上がりの傾向があるときには正の値を，右下がりの傾向があるときには負の値をとる
- 相関係数と共分散の符号は一致する

10.2　回帰直線の導出

例 10.2 のデータにおいて，身長と体重の間には右上がりの傾向があることがわかります。そこで，このデータにもとづいて，身長 x cm の生徒の体重 y kg を，x を使って $ax+b$ の形の 1 次式で予測する問題を考えてみましょう。まず，a と b を固定します。調査した生徒の y_i と ax_i+b

の差はプラスの場合もマイナスの場合もあります。予測のズレとして，プラスの場合もマイナスの場合も同じように取り扱うために，この差の2乗を考え，全体のズレを次の量で評価することにします。

$$\sum_{i=1}^{n}(y_i - ax_i - b)^2 \tag{10.2}$$

この量は a，b の値によって変化します。そこで，式 (10.2) の値を最小にするような a，b の値を求めます。具体的には，

$$\hat{a} = \frac{\sum_{i=1}^{n}(x_i - \bar{x})(y_i - \bar{y})}{\sum_{i=1}^{n}(x_i - \bar{x})^2} \tag{10.3}$$

$$\hat{b} = \bar{y} - \hat{a}\bar{x} \tag{10.4}$$

とするとき，a が $\hat{a}$，b が $\hat{b}$ のとき式 (10.2) は最小となります。このとき，$y = \hat{a}x + \hat{b}$ を**回帰直線**と呼びます。式 (10.4) を変形すると，$\bar{y} = \hat{a}\bar{x} + \hat{b}$ が成り立ちますので，回帰直線は必ず $(\bar{x}, \bar{y})$ を通ることがわかります。

式 (10.3) や式 (10.4) を導くためには，数学的に最小値問題を解く必要があります。たとえば，式 (10.2) を a と b で偏微分し，その値が 0 となる方程式を解くことによって求めることができますが，ここでは詳細は省略します。詳しくは章末の参考文献[1]に挙げた倉田・星野 (2009) を参照してください。

例 10.2 の 20 人のデータを使って，体重を身長で表す式を求めてみますと，

$$\text{体重} = 0.99 \times (\text{身長}) - 109.3$$

となります。大雑把にみますと，体重は身長から約 109 を引いた値となっていることがわかります。

ところで，式 (10.3) と式 (10.4) で $\hat{a}$，$\hat{b}$ は与えられますので，実はデータが直線的傾向でなくても回帰直線は数値的には求めることができます。そのため，回帰直線が求まったからといって，いつでも回帰直線の近くにデータが分布しているわけではありません。必ず，データとの適合の良さを調べることが必要です。ひとつの方法は，図 10.2 のような散布図に回帰直線を引いてみることです。この直線を引くことによって，具体的に観測された点が直線からどのくらい離れているのかを調べることができます。また，図 10.4 のように，横軸に x の値をとり，縦軸を $y_i-(\hat{a}x_i+\hat{b})$ の値をとった散布図を描いてみることも考えられます。このとき，$y_i-(\hat{a}x_i+\hat{b})$ を**残差**といい，この散布図を**残差プロット**と呼びます。この残差プロットを見ることによって，残差の特徴を調べることができます。例 10.2 のデータでは，身長が低い部分では，残差のバラツキが大きく，高い部分ではバラツキが小さいことがわかります。しかし，系統的なズレを見つけることはできないようです。もし，残差プロットを行った際に，x の値が大きくなるにしたがって，プラスの残差が出やすくなる，というような傾向が見られる場合には，直線ではなく，2 次関数など別のモデルを考える方がよいことを示唆しているとも考えられます。

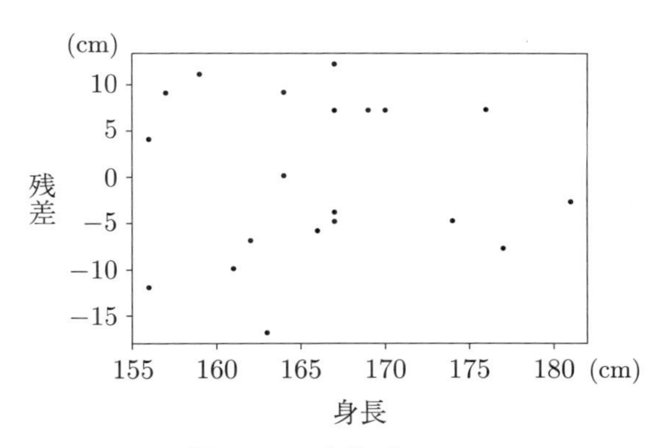

図 10.4　残差プロット

次に，回帰式を使うことで y のバラツキをどれくらい表現できるかを考えてみましょう。まず，y の値を x の値を用いずに $\bar{y}$ だけで予測するときのズレを**全平方和**といい，

$$S_T = \sum_{i=1}^{n}(y_i - \bar{y})^2 \tag{10.5}$$

で表します。S_T を n で割ると，y の分散となりますので，S_T は分散の n 倍であることがわかります。一方，y_i を $\hat{a}x_i + \hat{b}$ で予測したときのズレを

$$S_E = \sum_{i=1}^{n}\left\{y_i - (\hat{a}x_i + \hat{b})\right\}^2 \tag{10.6}$$

で測ることにし，これを**残差平方和**と呼びます。$\bar{y}$ で予測するよりも $\hat{a}x+\hat{b}$ で予測する方がよいので，$S_T \geq S_E$ が成り立ちます。よって，$S_T - S_E$ を S_R と表します。このとき，S_R は

$$S_R = \sum_{i=1}^{n}\left\{(\hat{a}x_i + \hat{b} - \bar{y})\right\}^2 \tag{10.7}$$

と変形することができますので，これを**回帰平方和**と呼びます。全平方和は，回帰平方和と残差平方和の和となりますので，S_R の S_T に対する割合が全体のバラツキの中で，回帰直線で説明できた部分と考えることができます。そこで，S_R/S_T を回帰直線の**寄与率**あるいは**決定係数**と呼びます。寄与率は 0 以上 1 以下の値をとり，寄与率が 1 に近いほど回帰直線を用いて推測することの効果が大きいことを示しています。例 10.2 では寄与率は 0.393 であり，それほど大きな値とはいえないでしょう。このように，直線による予測を行う分析方法を**回帰分析**と呼びます。特に，X としてひとつの変数だけを用いている場合には，**単回帰分析**と呼ばれる場合もあります。

10.3　相関と因果

これまで，2 つの変数の間に直線的な傾向があるかどうかを相関係数を用いて測ってきました。相関係数の絶対値が 1 に近い値をとるときには，強い相関があると言えます。しかし，相関が強いからといって，必ずしもそれが因果関係を示しているわけではありません。たとえば，例 10.2 で体重を使って身長を予測する式を求めますと，

$$\text{身長} = 0.398 \times (\text{体重}) + 144.27$$

となります。また，この直線の寄与率は 0.393 となります。この寄与率は，身長を使って体重の予測式を求めた際の寄与率と一致します。実は，寄与率は相関係数の 2 乗と一致しますので，X と Y の役割を変えても寄与率は変わらないのです。このことからもわかるように，どちらが原因でどちらが結果かということは回帰分析ではわからないのです。あくまで，回帰分析では 2 つの変数の関連がわかるという風に考えてもらえればよいと思います。因果関係を考えるためには，測定されたデータの背景に関する知識や原因と結果の時間的な関係などが必要になるでしょう。

もうひとつ，相関の中には見かけ上の相関が生じる場合もあることを注意しておきましょう。たとえば，ある会社の従業員の集団に対して，収縮期血圧と年収の間の関係を調べたところ，この 2 つの変数の間に相関が見られたとしましょう。しかし，年収が増えることによって収縮期血圧が増加したり，逆に収縮期血圧が増加することによって年収が増加するような関係があるとは考えにくいでしょう。この場合に考えられることは，2 つの変数の両方に影響を与えるような変数の存在です。一番最初に思いつくのは，年齢でしょう。一般に会社の中で年収の高い人は年齢も高い傾向は考えられます。また，収縮期血圧も一般的に年齢が上が

るにしたがって，高くなる傾向があります。このように，ある変数が両方の変数に影響をしている場合には，見かけ上の相関関係が出てくることがあります。相関関係があるからといって，因果関係があると思い込みますと，誤った結論を導くことがありますので気をつけておく必要があるでしょう。収縮期血圧と年収の関係において年齢の影響を取り除くには，ある年齢層に限定してもう一度収縮期血圧と年収の間の関係を調べてみるとよいでしょう。

相関の分析は非常に強力な解析手法ですが，その解釈については慎重に考える必要がありますので，気をつけてください。

10.4 回帰モデルに関する統計的推測

これまでは，残差平方和を最小にするような直線を求めてきました。ここでは，確率モデルを導入して，回帰直線に関する統計的推測を考えていきます。X は与えられているものとして，Y に対する確率モデルとして，

$$Y = aX + b + \epsilon \tag{10.8}$$

を考えます。この式は，回帰式 $aX + b$ に誤差項 ϵ[*1] を加えることで，データのバラツキを表現しています。誤差項 ϵ については，平均 0，分散 σ^2 の正規分布と仮定します。ここで，σ^2 もパラメータとなりますので，このモデルには a，b，σ^2 の 3 つのパラメータがあります。このモデルでは，これまでの確率分布モデルと少し異なる点があります。まず，これまでの確率分布モデルではバラツキ状況をできるだけ正確に捉えて，そのバラツキをうまく説明できるような確率モデルを考えてきました。しかし，ここでのモデルには，バラツキを表現する誤差項に対する確率

---

*1 *epsilon* はギリシャ文字でイプシロンと発音します。

モデルとは別に，X と Y の関係を表現する $aX + b$ の項があります。この部分を統計モデルと呼ぶことにします。統計モデルでは，データをできるだけ表現することも必要ですが，できるだけシンプルなモデルであることも求められます。その意味では，$aX + b$ は X を使ったモデルとしては，もっともシンプルな統計モデルと考えられるわけです。それでは，この $aX + b$ というモデルで，データのバラツキをどれだけ表現できるのかを検証することを考えてみましょう。そのひとつの方法として，$a = 0$ を帰無仮説とする検定を行う方法があります。

この検定では，$a = 0$ のときには残差平方和 S_E と全平方和 S_T がほとんど同じである，という性質を用います。$S_T - S_E$ は回帰平方和 S_R と等しいので，S_R が大きいときには，$a \neq 0$ と考えられるでしょう。ただし，S_R の分布は σ^2 の値に依存して変化しますので，その補正を行うために，$(n-2)S_R/S_E$ を用います。帰無仮説が正しいときには，この統計量 $(n-2)S_R/S_E$ の分布は，自由度 $(1, n-2)$ の F 分布となります。

F 分布については，9.2 節の一元配置分散分析の説明の中で紹介しました。実は，これまでの平方和の分解や統計量の構成についても，一元配置分散分析とよく似ていることがわかるでしょう。これは，一元配置分散分析と回帰分析は，基本的な考え方が同じであるからです。

実際に検定を構成するときには，自由度 $(1, n-2)$ の F 分布の上側 5% 点が必要になります。この値も，付表の F 分布の上側パーセント点の表を使って求めることができます。たとえば，例 9.2 では，自由度 (1, 18) の F 分布の上側 5% 点は 4.41 となります。付表にすべての場合の上側パーセント点を表すことはできません。表にない場合は，表計算ソフトを利用してください。Excel の場合には関数 FINV(0.05, 1, 18) を用いることで計算することができます。実際に回帰分析を行う場合には計算が大変ですので，統計用のソフトウエアを用いることが多いと思います。

統計ソフトウエアでは，表 10.1 のような形で結果が出力されることが多く，この表から 3 つの平方和や検定統計量などの必要な情報を読み取る必要があります。

表 10.1　分散分析表

	自由度	平方和	平均平方和	F	p 値
回帰	1	S_R	S_R	$(n-2)S_R/S_E$	p 値
残差	$n-2$	S_E	$S_E/(n-2)$		
全体	$n-1$	S_T			

例 10.2 の中学生の身長と体重のデータの出力例を表 10.2 に示します。3 つの平方和の値をみると，回帰平方和は 905.87 で，全平方和の約 40% を占めています。平方和は自由度が大きくなるほど値も大きくなるため，残差平方和を自由度 18 で割った平均平方和が示されています。この値を見ますと，77.50 となっています。この値と比べて，回帰平方和は 11 倍以上となっていることがわかります。この回帰平方和を残差の平均平方和で割った値を F で表し，これを統計量として用います。この場合 F の値は 11.69 となり，先ほど計算した自由度 (1, 18) の F 分布の上側 5% 点 4.41 に比べてかなり大きな値となっています。よって，有意水準 5% で $a=0$ という帰無仮説が棄却できることが示されます。また，第 5 章でも説明したように，p 値を用いても判断することができます。実際，p 値は 0.003 であり，有意水準よりもかなり小さくなっています。このことから，体重を予測する場合には，単に体重の平均値を用いるよりも，身長の値を用いて予測した方がよいことがわかります。ただし，ここでは $aX+b$ の形のモデルが正しいことを主張しているわけではありません。$a=0$ の場合に比べてよいモデルとなっているという形で考えておくことが大切です。

表 10.2　中学 3 年生のデータの分析

	自由度	平方和	平均平方和	F	p 値
回帰	1	905.87	905.87	11.69	0.003
残差	18	1395.08	77.50		
全体	19	2300.95			

最後に，パラメータの推定の問題を考えましょう。a と b の推定量については，すでに式 (10.3)，式 (10.4) で与えています。分散 σ^2 の推定量については，$y_i-(ax_i+b)$ の分布が平均 0，分散 σ^2 の正規分布であることを利用して

$$\hat{\sigma}^2=\frac{1}{n-2}\sum_{i=1}^{n}(y_i-\hat{a}x_i-\hat{b})^2 \tag{10.9}$$

を用います。ここでは残差平方和を $n-2$ で割っていますが，これは直感的には a，b に $\hat{a}$，$\hat{b}$ を代入しているため，自由度が n より 2 個分だけ小さくなっていると考えてください。実は，この $n-2$ が上で説明した検定統計量の分布にも影響しているのです。

信頼区間については，最も重要な a の信頼区間についてだけ説明することにしましょう。$\hat{a}$ の分布を考えますと，平均は a，分散 $\dfrac{\sigma^2}{\sum_{i=1}^{n}(x_i-\bar{x})^2}$ となります。そこで，$\hat{a}$ の分散を $\dfrac{\hat{\sigma}^2}{\sum_{i=1}^{n}(x_i-\bar{x})^2}$ で推定します。このとき，式 (10.8) のモデルが正しければ，$\hat{a}$ を平均 a と分散の推定量を用いて標準化した

$$\frac{\hat{a}-a}{\sqrt{\dfrac{S_E/(n-2)}{\displaystyle\sum_{i=1}^{n}(x_i-\bar{x})^2}}}$$

の分布は自由度 $n-2$ の t 分布となります。このアイデアは正規分布の平均の信頼区間を構成したときと同じです。このことを利用すると，a の 95% 信頼区間は次のようになります。

a の 95%信頼区間

$$\hat{a}-t_{n-2}(0.025)\sqrt{\frac{S_E/(n-2)}{\displaystyle\sum_{i=1}^{n}(x_i-\bar{x})^2}} \leq a \leq \hat{a}+t_{n-2}(0.025)\sqrt{\frac{S_E/(n-2)}{\displaystyle\sum_{i=1}^{n}(x_i-\bar{x})^2}}$$

ここで，$t_{n-2}(0.025)$ は自由度 $(n-2)$ の t 分布の上側 2.5% 点を表しています。例 10.2 では，体重を身長を使って予測したときの $\hat{a}$ は 0.988 でしたが，a の 95% 信頼区間は 0.381 以上 1.596 以下となります。この信頼区間の中にも $a=0$ は含まれていませんので，上で説明した $a=0$ の検定の結果とも一致することがわかるでしょう。

演習問題

【問題 10.1】

20 人の中学 3 年生男子の身長と体重のデータをもとに回帰分析を行ったところ，回帰直線は，体重 (kg) $= 0.99 \times$ 身長 (cm) $- 109.3$ となり，寄与率は 0.393 であった。この結果の解釈について，以下の 2 つの記述には誤りがある。その誤りを指摘しなさい。

1) 身長が 160 cm の生徒の体重は 49.1 kg である。

2) 寄与率は 0.5 より小さいので，直線の当てはまりがよい。

【問題 10.2】

身長を体重の 1 次式で表す場合の問題点を挙げよ。

参考文献

[1]　倉田博史，星野崇宏『入門統計解析』新世社，2009

11 重回帰分析

《目標＆ポイント》 この章では，第 10 章の拡張として，変数 Y を複数の変数を用いて予測する問題について紹介します。数学的な部分は少し複雑になりますが，多くの内容は第 10 章と同じ考えで導かれています。ここでは，細かな計算方法よりも分析の意味をしっかり理解しておくことが大切です。また，重回帰分析に拡張する際に生じる注意点についても取り上げますので，しっかり把握しておきましょう。
《キーワード》 偏相関係数，3 つの平方和，寄与率，多重共線性，分散分析表

11.1 重回帰分析モデルの必要性

第 10 章では，変数 Y を変数 X の 1 次式 $aX+b$ で予測する問題を取り扱いました。しかし，例 10.2 の中学生の身長と体重のデータを見てもわかるように，ひとつの変数だけで十分な予測ができるとは限りません。そこで，この章では，2 つ以上の変数を用いた予測式について考えていくことにします。

例 11.1 次のデータは，ある会社において男性社員を対象に行った健康診断の結果の一部です。ここで，BMI (Body Mass Index) は，肥満の度合いを表す指標で 体重 (kg)/(身長 (m))^2 で計算します。このデータで年齢や BMI を用いて収縮期血圧を予測する場合について考えましょう。

ID	年齢	BMI	収縮期血圧	ID	年齢	BMI	収縮期血圧
1	34	20.5	130	16	39	23.1	119
2	46	21.7	131	17	33	21.1	126
3	38	20.1	113	18	35	19.3	133
4	33	18.4	117	19	56	22.9	127
5	55	20.5	127	20	35	19.9	124
6	31	20.6	129	21	47	22.3	126
7	41	21.6	132	22	49	22.2	114
8	59	18.9	127	23	52	21.2	143
9	42	24.3	133	24	41	20.3	132
10	50	22.5	133	25	52	20.7	132
11	38	21.6	126	26	59	24.5	138
12	40	22.7	135	27	45	21.5	130
13	53	21.4	154	28	48	22.5	147
14	57	21.6	138	29	57	24.2	136
15	48	22.2	148	30	58	23.8	154

まず，第 10 章で説明した単回帰分析を行ってみましょう。年齢を使った予測式と BMI を使った予測式は次のようになります。

$$\text{収縮期血圧} = 0.53 \times (\text{年齢}) + 107.7 \qquad (\text{寄与率}\quad 0.211)$$

$$\text{収縮期血圧} = 2.46 \times (\text{BMI}) + 78.6 \qquad (\text{寄与率}\quad 0.140)$$

どちらも直線の傾きに関する検定を行うと，有意水準 5% で年齢や BMI を用いた式の方が，用いない場合よりも予測が良いことがわかります。ただし，寄与率はどちらも高くなく，あまりよい予測式とはいえません。そこで，次に年齢と BMI の両方を用いた予測式として

$$\text{収縮期血圧} = a \times (\text{年齢}) + b \times (\text{BMI}) + c$$

という形のモデルを考えます。このことで，もっと良い予測式が得られ

ることが期待されます。詳しくは次の節で取り扱います。

例 11.2　もうひとつ別の例を考えてみましょう。次のような x と y のデータを考えてみましょう。

x	0.58	1.87	5.17	6.75	4.33	7.80	9.23	9.56
y	11.28	21.22	29.77	25.24	30.64	24.36	11.75	8.82
x	9.24	5.38	0.53	5.55	1.60	2.98	5.85	2.61
y	11.69	30.26	8.95	30.15	19.01	24.06	28.18	23.72
x	4.31	8.67	8.80	9.20	1.43	2.45	6.87	7.32
y	29.18	15.93	16.51	12.69	16.87	24.01	26.13	24.31
x	4.13	4.32	9.37	3.18	2.49	9.87		
y	29.60	27.38	12.68	27.00	23.41	6.45		

このデータの x と y の相関係数は -0.31 です。相関係数は負の相関を示していますが，それほど強い相関ではありません。しかし，図 11.1 のように散布図を描いてみますと y は x の 2 次関数に近い関係が見られそうです。この場合には，

$$y = ax^2 + bx + c$$

のような形の予測式が考えられそうです。実は，この場合も x^2 を別の変数とみますと，y を x と x^2 という 2 つの変数を使って予測する問題とし

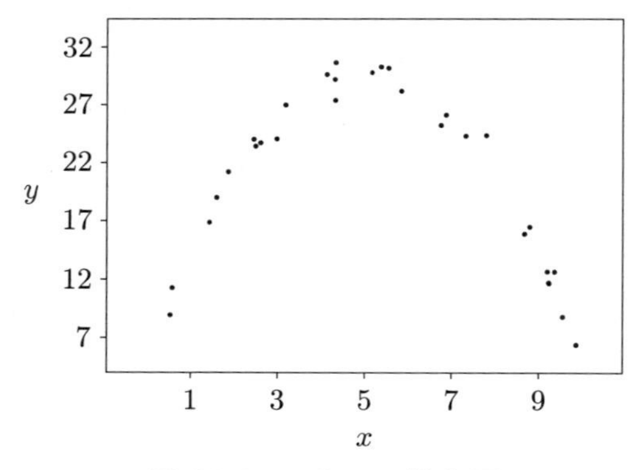

図 11.1　x と y の散布図

て考えることができます。

11.2　重回帰分析のパラメータの推定

Y という変数を p 個の変数 $X_1, X_2, \ldots, X_p$ の一次式

$$Y = \beta_0 + \beta_1 X_1 + \beta_2 X_2 + \cdots + \beta_p X_p \tag{11.1}$$

で予測する問題を考えます。このように 2 つ以上の X を用いて予測する統計解析の方法を**重回帰分析**といいます。ひとつの変数を用いて分析する場合を単回帰分析と呼び区別する場合もありますが，どちらも合わせて回帰分析と呼ばれることもあります。また，この式の中の $\beta_0, \beta_1, \ldots, \beta_p$ を**偏回帰係数**といいます。

n 人のデータ $(y_i, x_{1i}, x_{2i}, \ldots, x_{pi})$ $(i = 1, 2, \ldots, n)$ を考えます。y_i と式 (11.1) に $(x_{1i}, x_{2i}, \ldots, x_{pi})$ を代入して予測した値の差

$$y_i - (\beta_0 + \beta_1 x_{1i} + \cdots + \beta_p x_{pi})$$

を**残差**といいます。第 10 章の場合と同様に残差の 2 乗和

$$\sum_{i=1}^{n} (y_i - \beta_0 - \beta_1 x_{1i} - \beta_2 x_{2i} - \cdots - \beta_p x_{pi})^2 \tag{11.2}$$

を観測値と予測値の全体的なズレと考えます。そして，これを最小にする $\beta_0, \beta_1, \ldots, \beta_p$ を偏回帰係数の推定値とし，$\hat{\beta}_0, \hat{\beta}_1, \ldots, \hat{\beta}_p$ と表します。ここでは，具体的な計算はソフトウエアを利用することを想定して，詳しい推定量の導出については説明しません。具体的な推定値の形に興味のある方は，参考文献[1]の塩谷 (1990) を参照してください。ここでは，式 (11.2) を最小にするものであると考えてもらえば結構です。

例 11.1 のデータを用いて，収縮期血圧に対して年齢と BMI を用いた予測式を求めますと，

$$収縮期血圧 = 0.42 \times (年齢) + 1.42 \times (\mathrm{BMI}) + 81.8$$

となります。この式では，BMIの係数が年齢の係数よりも大きいので，BMIの方が影響が大きいと考えてしまうかもしれません。しかし，年齢の標準偏差は8.9でBMIの標準偏差は1.5ですので，年齢とBMIとではもともとバラツキの大きさが違います。そこで，バラツキの大きさを考慮するために，7.2節で説明した標準化を用います。収縮期血圧，年齢，BMIをすべて標準化した予測式は

$$\begin{aligned}&標準化した収縮期血圧\\&\quad = 0.37 \times (標準化した年齢) + 0.22 \times (標準化した\mathrm{BMI})\end{aligned}$$

となります。この式から，偏回帰係数の値がBMIより年齢の方が大きく，若干年齢の影響の方が大きいことがわかります。このとき，予測式の中に定数の項はありません。これは，偶然ではなくすべての変数を標準化しているので，それぞれの変数の平均が0になっているため，定数項が消えるのです。

予測式が決まりましたので，次にこの予測式の良さを調べてみましょう。まず，単回帰分析の場合と同様に，残差プロットから考えましょう。重回帰分析の場合にはp個の変数がありますので，さまざまな残差プロットを考えることができます。まず，各X_i毎に残差プロットを描くことで，それぞれの変数に対して直線的な関係であるかどうかをみることができます。また，予測値と残差の関係を調べることも考えられます。

次に，寄与率を調べてみましょう。単回帰分析の場合に，寄与率はYの変動に占めるXを用いて説明できる変動の割合で定義していました。これをそのまま重回帰分析の場合にも拡張できます。そこで，まず3つの平方和を考えます。

$$S_T = \sum_{i=1}^{n}(y_i - \bar{y})^2 \qquad \text{全平方和}$$

$$S_E = \sum_{i=1}^{n}\left\{y_i - (\hat{\beta}_0 + \hat{\beta}_1 x_{1i} + \cdots + \hat{\beta}_p x_{pi})\right\}^2 \qquad \text{残差平方和}$$

$$S_R = \sum_{i=1}^{n}\left\{\hat{\beta}_0 + \hat{\beta}_1 x_{1i} + \cdots + \hat{\beta}_p x_{pi} - \bar{y}\right\}^2 \qquad \text{回帰平方和}$$

この場合にも，$S_R = S_T - S_E$ という関係が成り立ちます。このとき，S_R/S_T を予測式の寄与率あるいは決定係数といいます。例 11.1 では，

$$S_T = 3012.8, \qquad S_E = 2260.9, \qquad S_R = 751.9$$

となり，寄与率は 0.250 となります。年齢だけの場合の寄与率は 0.211 ですので，年齢と BMI の両方を用いてもあまり寄与率は上がっていないようです。

11.3　重回帰分析での統計的推測

重回帰分析でのパラメータの信頼区間や検定の問題を考えてみましょう。基本的には単回帰分析と同じように考えることができます。まず，確率モデルとして，式 (11.1) に誤差項を加えた次のモデルを考えます。

$$Y = \beta_0 + \beta_1 X_1 + \beta_2 X_2 + \cdots + \beta_p X_p + \epsilon \tag{11.3}$$

ここで，ϵ の分布は平均 0，分散 σ^2 の正規分布であると仮定します。ここでも $X_1, X_2, \ldots, X_p$ については誤差は考えず，きちんと測定されているものとして取り扱います。このモデルを仮定したときの $\hat{\beta}_0, \hat{\beta}_1, \ldots, \hat{\beta}_p$ の分布を求めますと，変数間で相関はあるのですが，それぞれの周辺分布は正規分布となります。また，$\hat{\beta}_k$ の平均は β_k になり，求めるパラメータと一致しています。$\hat{\beta}_k$ の分散や共分散の形は複雑ですので，ここでは

詳しく述べないことにします。次に，分散 σ^2 の推定量を考えましょう。変数 ϵ が測定値と予測値の差に等しいので，回帰直線で推定した残差 S_E をその自由度 $n-p-1$ で割った $\hat{\sigma}^2 = S_E/(n-p-1)$ で σ^2 を推定することができます。ここで，自由度は標本数 n から β の個数である $p+1$ を引いた数となっています。単回帰分析の場合は $p=1$ ですので，自由度は $n-2$ となり，式 (10.9) と一致します。

重回帰分析においては，それぞれの変数の影響に興味がありますので，β_k の推測について考えましょう。まず，β_k の分散の推定量を s_k^2 としますと，

$$\frac{\hat{\beta}_k - \beta_k}{s_k}$$

が自由度 $(n-p-1)$ の t 分布になるという性質が成り立ちます。これは正規分布の平均の信頼区間の場合と同じ形になっています。このとき，$t_{(n-p-1)}(0.025)$ を自由度 $(n-p-1)$ の t 分布の上側 2.5% 点とすると，β_k の 95% 信頼区間と $\beta_k = 0$ の検定は次のようになります。

β_k の 95%信頼区間

$$\hat{\beta}_k - t_{(n-p-1)}(0.025)s_k \leq \beta_k \leq \hat{\beta}_k + t_{(n-p-1)}(0.025)s_k$$

$\beta_k = 0$ の検定

$\dfrac{|\hat{\beta}_k|}{s_k} > t_{(n-p-1)}(0.025)$ のとき，帰無仮説 $\beta_k = 0$ を棄却する。

統計ソフトウエアを用いる場合には，$\hat{\beta}_k$ や s_k が出力されますので，その値を読み取ることで，信頼区間を求めたり，検定を行ったりすることができるでしょう。

最後に，モデルの良さを測る検定を考えます。すべての X_k の係数が 0

であるという仮説を帰無仮説とします。帰無仮説が正しいと仮定すると，回帰平方和と残差平方を σ^2 で割ったものは，それぞれ自由度 $p, n-p-1$ のカイ 2 乗分布となります。この性質を利用しますと

$$F = \frac{S_R/p}{S_E/(n-p-1)}$$

は σ^2 に依存せず，自由度 $(p,\ n-p-1)$ の F 分布となります。もし，帰無仮説が正しくなければ，F は大きな値をとりますので，この F の値が大きいときに帰無仮説を棄却することにします。棄却域は，自由度 $(p,\ n-p-1)$ の F 分布の上側 5% 点よりも大きな値の場合となります。この検定は $p=1$ の場合には，単回帰分析の場合の結果と一致します。一般には，統計ソフトウエアを利用しますと，単回帰分析と同様に表 11.1 のような分散分析表が出力されます。この表から帰無仮説を棄却できるかどうかを判断できればよいでしょう。

表 11.1　分散分析表

	自由度	平方和	平均平方和	F	p 値
回帰	p	S_R	S_R/p	$(n-p-1)S_R/(pS_E)$	p 値
残差	$n-p-1$	S_E	$S_E/(n-p-1)$		
全体	$n-1$	S_T			

例 11.1 に対して，年齢と BMI を使って重回帰分析を行った場合の分散分析表を表 11.2 に示しました。この場合には，回帰に関する平均平方和が残差の平均平方和に比べて 4 倍以上になっています。p 値も 0.02 ですので，有意水準 5% で帰無仮説は棄却され，回帰直線を使って予測することが意味があることを示しています。

表 11.2　分散分析表

	自由度	平方和	平均平方和	F	p 値
回帰	2	751.90	375.95	4.49	0.02
残差	27	2260.90	83.74		
全体	29	3012.80			

11.4　重回帰分析を適用する際の注意点

1)　シンプルなモデルの方が望ましい

重回帰モデルでは，式 (11.1) を仮定していますが，多くの場合データの背景からこのように変数の 1 次式で表せるモデルであることを想定できるわけではありません。この式を用いているのは，Y の値を予測するのにもっともシンプルなモデルであることが大きな理由です。このモデルでは，$X_1, X_2, \ldots, X_p$ がそれぞれ別々にはたらいています。そのため，それぞれの変数の影響を調べるには，係数を見ればよいわけです。しかし，次のようなモデルの場合はどうでしょうか。

$$Y = \beta_0 + \beta_1 X_1 + \beta_2 X_2 + \beta_3 X_1 X_2$$

このモデルには，2 つの変数 X_1 と X_2 の積の項が最後に入っています。そのため，X_1 を 1 増やしたときの Y の影響は β_1 だけでなく，それに β_3 倍の X_2 の値を加えたものとなります。このように，積の項が入ることによって，X_1 の影響が複雑になっていきますし，X_2 の値にも依存して変化することになります。そのため，モデルの解釈は難しくなります。もし，シンプルなモデルで説明できれば，その方が解釈がしやすく便利なのです。ただし，シンプルなモデルが適用できなければ意味がありません。そのため，モデルのシンプルさとデータの適合の両方を考慮して，モデルを選択していくことになるわけです。

2)　X は連続的な変数でなくてもよい

次に，重回帰分析で用いる X に関して考えてみましょう。X は連続的な値ではなく，離散的な値の場合にも適用できます。たとえば，例 11.1 で収縮期血圧を予測する場合に性別を考慮する必要がある場合もあります。性別は，男性を 1，女性を 0 のように数値化することで，

$$\text{収縮期血圧} = \beta_0 + \beta_1 \times (\text{年齢}) + \beta_2 \times (\text{BMI}) + \beta_3 \times (\text{性別})$$

の形で，重回帰モデルに組み込むことができます。このとき，男性では，性別の値は 1 ですので，収縮期血圧は

$$\text{収縮期血圧} = \beta_0 + \beta_1 \times (\text{年齢}) + \beta_2 \times (\text{BMI}) + \beta_3$$

と表され，女性の場合は，この式から最後の β_3 を除いた形のモデルとなります。このことからもわかるように，男性と女性で年齢と BMI の係数が等しいことを仮定しているわけです。もし，β_1 や β_2 の値が男性と女性で同じ値をとらない場合には，このモデルは適用できないのです。

性別のように 2 つの値しかとらない場合には，2 つのグループに分けてそれぞれで回帰分析を行うことも考えられます。この結果を上のモデルの場合と比較することで，男女間で年齢や BMI の影響が等しいかどうかをチェックすることができるからです。それぞれのグループで，ある程度の大きなサイズのデータが得られている場合には，この方法の方がよいでしょう。

3)　多重共線性に気をつけよう

3 つめの注意点として，多重共線性の問題があります。多重共線性とは，X として用いている変数の間に強い相関がある場合に，偏相関係数の推定が不安定になるという問題です。たとえば，X_1 と X_2 の間に強い相関があり，ほぼ $X_1 = X_2$ というような関係が成り立っているものと

します。このとき，もし

$$Y = \beta_0 + \beta_1 X_1 + \beta_2 X_2 + \cdots + \beta_p X_p$$

のようなモデルを仮定しますと，このモデルに $X_1 - X_2$ を加えたモデル

$$Y = \beta_0 + (\beta_1 + 1) X_1 + (\beta_2 - 1) X_2 + \cdots + \beta_p X_p$$

もほぼ成り立っていることになります。この2つのモデルだけでなく，β_1 を増やした分だけ β_2 を減らせば，ほとんど同じモデルができるわけです。そうしますと，これらのモデルを区別することが難しく，うまく偏回帰係数を推定できないことが起こるのです。この点を少しシミュレーションで示してみます。

X という変数を平均50，標準偏差10の正規分布とします。この変数を用いて，X_1 は X に平均0，標準偏差2の正規分布に従う誤差を加えます。同様に，X_2 も X に平均0，標準偏差2の正規分布に従う誤差を加えたものとします。このとき，X_1 と X_2 の相関は0.96となり，非常に強い相関があります。さらに，Y を $0.5X + 50$ に平均0，標準偏差10の誤差が入ったものとします。今，このモデルを使って，Y と X_1，X_2 を50個発生させて，Y を X_1，X_2 の2つを使った重回帰モデル

$$Y = \beta_0 + \beta_1 X_1 + \beta_2 X_2$$

で予測します。このシミュレーションを50回繰り返して，推定される β_1，β_2 を調べてみました。50個の β_1，β_2 の推定値 $(\hat{\beta}_1, \hat{\beta}_2)$ を散布図で表したものを，図11.2の左に示しています。このとき $(\hat{\beta}_1, \hat{\beta}_2)$ はあまり安定せず，$\beta_1 + \beta_2 = 0.5$ という直線付近に分布していることがわかるでしょう。これに対して，X_1 だけを用いて回帰分析を行った場合の，X_1 の係数の推定量 $\hat{\beta}_1$ の分布を図11.2の右に示していますが，こちらはかなり安定して0.5付近に分布していることがわかるでしょう。この

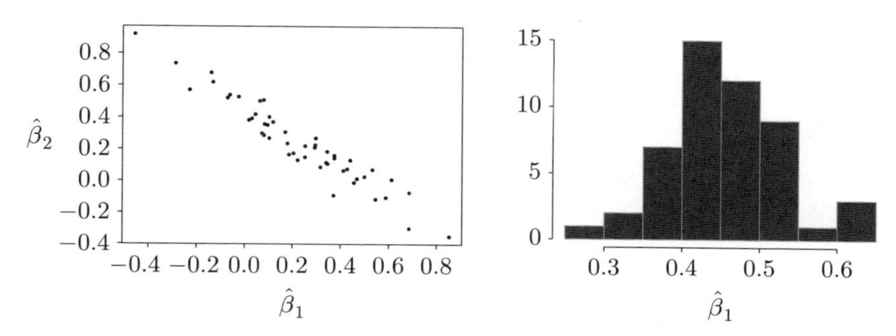

図 11.2　多重共線性のシミュレーション結果

ように，2 つの変数の間に強い相関がある場合には，偏回帰係数の推定量が安定しないため，誤った印象を受けることがありますので，注意が必要です。

4)　寄与率が大きいだけでは良いモデルとはいえない

最後に，寄与率に関する注意点をひとつ挙げておきましょう。例 11.2 をもう一度考えます。この例では，x と y の間には 2 次関数の関係が見られます。このデータに対して，1 次関数のモデル，2 次関数のモデル，3 次関数のモデルを使って分析してみましょう。1 次関数のモデルを用いますと，

$$y = 25.25 - 0.78x \qquad (\text{寄与率}\quad 0.10)$$

となります。同様に，2 次関数のモデルや 3 次関数のモデルを用いますと，次のような結果となります。

$$y = 5.24 + 9.78x - 0.98x^2 \qquad (\text{寄与率}\quad 0.98)$$
$$y = 5.25 + 9.78x - 0.98x^2 - 0.00007x^3 \qquad (\text{寄与率}\quad 0.98)$$

このとき，3 次関数のモデルを用いても 3 次の係数は非常に小さく，ほとんど 2 次関数のモデルの場合と同じ関数が出てきます。ところが，寄

与率だけを見ますと，2 次関数と 3 次関数でほぼ同じ値を示しており，理論的には 3 次関数の方が寄与率は若干大きくなっていることが示せます。そうしますと，寄与率だけでどちらのモデルを選択したらよいのかを判断することが難しくなるのです。多項式モデルの場合だけでなく，例 11.1 の場合のように，さまざまな変数が含まれている場合においても，用いる X の数を増やせば，寄与率は必ず増加するという問題が生じます。このような場合のモデルの選択方法については，次の章で取り扱うことにします。

演習問題

【問題 11.1】

例 11.1 において，重回帰分析で

$$\text{収縮期血圧} = 0.42 \times (\text{年齢}) + 1.42 \times (\text{BMI}) + 81.8$$

という式が求まりました。このとき，BMI の係数 1.42 の説明として正しいものを次の 1) から 3) から選びなさい。

1) BMI が 1.42 変化するとき，収縮期血圧が 1 上昇する。
2) BMI が変化すると，年齢が 1.42 増加する。
3) 年齢が同じで BMI が 1 違うと収縮期血圧は 1.42 異なる。

参考文献

[1] 塩谷實『多変量解析概論』朝倉書店，1990

12 モデル選択

《目標&ポイント》 目的の変数 Y を予測する際には，さまざまな変数を用いたり，それらの変数を組み合わせて用いたりするなど，多くの統計モデルを考える必要があります。そして，それらのモデルの中から最も良いモデルを選択していくプロセスが大切です。この章では，モデルを選択する方法として，ステップワイズ法，情報量規準にもとづく方法，クロスバリデーションの3つの方法を紹介します。本章では，モデル選択の必要性と各モデル選択の方法の特徴をしっかり把握してください。

《キーワード》 ステップワイズ法，情報量規準，AIC，最尤法，クロスバリデーション

12.1 モデル選択の必要性

第11章では，重回帰分析について説明しました。重回帰分析では目的の変数 Y を2つ以上の変数を用いて説明していくのですが，用いる変数の選び方によって，さまざまなモデルが考えられます。その中で一番良いモデルを選ぶ必要があります。もう一度，例11.2を考えてみましょう。例11.2のデータは x と y の相関係数は -0.31 であり，あまり強い直線的な傾向はみられません。しかし，散布図を見ると x と y はある2次関数を表す曲線の周辺に分布しているように見えます。そこで，2次関数のモデルを適用しますと，寄与率が0.98となりデータによくあてはまる予測式が見つかります。さらに，3次関数のモデルのようにもっと複雑なモデルを考えますと，寄与率はほんの少しですが高くなることがわかります。しかし，予測された式の3次の係数は0に近い値であり，2次

関数のモデルとほとんど同じものであることがわかります。これらの結果を総合的にみますと2次関数のモデルが最もよい印象を受けますが，考えられるさまざまなモデルの中で，どのような手続きで2次関数のモデルを選択すればよいのでしょうか。

もうひとつ，別の例を考えてみましょう。次の例12.1は医学研究において重回帰分析を用いている例です。この研究でも，どのようなモデルを選択するのか，という問題が起こってきます。

例 12.1 1991年に，都市，農村，漁村の主婦を対象として，血液検査の結果に及ぼす生活習慣の影響を調べた研究が行われました*1。この研究では，質問紙調査を実施し，数多くの質問項目について調査をしています。その中の複数の質問項目を組み合わせて数値化することで，生活習慣に関連する22個の因子を構成しています。そして，22個の生活習慣に関連する因子に年齢とBMIの2つを加えた24個の因子を使って，血液検査の項目であるグリコヘモグロビン（HbAlc）を説明しようとしています。この研究では，たくさんの因子を調査していますが，これらの因子の中には不必要な因子が含まれている可能性があります。そのため，これらの因子を組み合わせてできるさまざまな重回帰モデルの中から，できるだけ良いモデルを選択する必要があります。

このように，重回帰モデルを用いる場合には，さまざまなモデルの中から最も良いモデルを選択する**モデル選択**が必要になる場合が多くあります。

---

*1 医学のあゆみ，174巻，pp.217–223

12.2 ステップワイズ法

モデル選択を行う方法として，検定を用いる方法があります。第 10 章の中で，直線のモデルが有効かどうかを調べる際に，$ax + b$ という直線のモデルを仮定した上で，帰無仮説 $a = 0$ の検定を行う方法を説明しました。このように検定を繰り返し行うことでモデルを選択する方法があります。まず，1 次関数のモデルが有効であるかどうかを調べ，有効であれば 2 次関数のモデルが有効かどうかを調べる，というように段々と次数を上げていきます。各ステップでは，最大次数の係数が 0 であるという帰無仮説を考え，この帰無仮説が棄却できればもうひとつ次数の高いモデルを選択していき，棄却できなければそこでストップするという手順で考えていきます。たとえば，例 11.2 では 3 次関数のモデルを前提として，3 次の係数に関する検定を行いますと，3 次の係数を 0 とする帰無仮説は棄却されません。よって，2 次関数のモデルより高次のモデルにはいかないのです。ただし，この例では 1 次関数のモデルを使って予測すると，$y = 25.52 - 0.79x$ となり，1 次の係数が 0 であるという帰無仮説が有意水準 5% で棄却できません。そのため，低い次元から段々と複雑なモデルへとモデルを選択していく際には，1 次関数のモデルが選択できず，定数だけで予測するモデルでストップしてしまいます。逆に，高次のモデルから段々と低次のモデルへと進む方法も考えられます。たとえば，5 次関数のモデルからスタートして，段々と次数を下げていきますと，2 次関数のモデルが選択できます。

このように，段階的にモデルを選択していく方法をステップワイズ法といいます。ステップワイズ法には変数の少ないシンプルなモデルからスタートする変数増加法と次数の高いモデルからスタートする変数減少法があります。

次に，例 12.1 をもう一度考えてみましょう。この例では，生活関連因子と年齢，BMI を合わせて 24 個の因子があります。ただし，上の多項式モデルと違い，因子間には順序はないため，どの因子から考えるのかという点についても判断する必要があります。そのため，まずそれぞれの因子に対して，単回帰モデルを仮定して，回帰直線の有効性の検定を行います。そして，この検定統計量が最も高い因子を選び，その因子をまず選択します。次に，この因子をキープして，残り 23 個の因子をひとつ加えて 2 つの因子を使った重回帰モデルにおいて，加えた因子の係数が 0 かどうかの検定を繰り返し行って，最も大きな統計量をもつ因子を選択します。このように，段々と因子を増やしていきながら，最終的にどの因子を加えても有意な差が得られないときに，因子を増やすことをやめてモデルを決定します。この方法が**変数増加法**となります。逆に，最初にすべての因子をモデルに加えておいて，係数が 0 に近い因子を段々と減らしていく**変数減少法**もあります。変数増加法では一度選択された変数はずっとモデルに組み込まれることになりますが，時には他の変数を入れることで，あまり影響を及ぼさなくなるような変数が出てくる場合もあります。そこで，変数が増加するたびに不必要な変数はないかを調べて，不必要な変数を減らす**変数増減法**もあります。同じように変数減少法においても，変数を減らすたびに必要となる変数を確認する**変数減増法**もあります。たとえば，例 12.1 で紹介した研究では，変数減増法が用いられ，最終的に疾病頻度や糖分の摂取状況など生活関連の 7 項目と年齢，BMI を用いた重回帰モデルが選択されています。

ステップワイズ法では，検定を繰り返し何度も行う必要があり，手続き的には非常に大変です。しかし，最近では自動的にモデルを選択できるようなソフトウエアもありますので，どのステップワイズ法を用いるのかを決定すれば，あとはコンピュータを利用してモデルを選択することも可能となっています。

12.3 情報量規準

検定を利用した方法とは別に，情報量と呼ばれる値にもとづいてモデルを選択する方法もあります。この情報量に関して，いろいろな情報量の式が提案されていますが，ここでは AIC (Akaike's Information Criteria) を用いたモデル選択法を紹介することにします。その準備として，まず最尤法について簡単に紹介しておきましょう。

(1) 最尤法

最尤法は，確率モデルのパラメータを推定する際に用いられる方法で，幅広い確率モデルで適用することができます。2 項分布モデルを例にその方法を説明します。2 項分布モデルは，第 4 章で説明したように成功あるいは失敗のどちらかの結果が出る実験を n 回繰り返したときに用いられる確率モデルです。このモデルで，1 回の実験での成功する確率を p とすると，n 回中 x 回成功する確率は

$$\binom{n}{x} p^x (1-p)^{n-x} \tag{12.1}$$

と表されます。これまで，この式は成功回数 x が与えられたときに，その確率を計算するために用いられていたため，x の関数として考えていました。しかし，ここでは x の関数ではなく，パラメータ p の関数として取り扱います。p の関数として見ていることを明らかにするため，この確率を $L(p)$ と表し，**尤度関数**と呼びます。$L(p)$ が大きくなるほど，成功回数が x であるという結果が生じる確率が大きくなります。そこで，$L(p)$ を最大にする p を求め，その p の値をパラメータ p の推定量とします。この方法を**最尤法**といい，求めた推定量のことを**最尤推定量**といい

ます。

2 項分布モデルでは，$p = x/n$ のときに $L(p)$ は最大になりますので，x/n が最尤推定量となります。第 4 章でも p の推定量として，直感的に x/n を用いていましたが，この方法は最尤法としても説明できます。一般的に，最尤推定量はいろいろな良い性質をもつ推定量であることがよく知られています。また，最尤法は確率モデルを確定すれば，パラメータの推定方法が自動的に決まりますので，非常に便利な手法でもあります。

それでは，重回帰分析での最尤推定量を求めてみましょう。重回帰分析では，

$$y = \beta_0 + \beta_1 x_1 + \beta_2 x_2 + \cdots + \beta_p x_p + \epsilon \tag{12.2}$$

というモデルを用い，ϵ は平均 0，分散 σ^2 の正規分布と仮定します。n 個のデータ $(y_i,\ x_{1i},\ x_{2i},\ \ldots,\ x_{pi})$ が観測されたものとします $(i = 1,\ 2,\ \ldots,\ n)$。このとき，尤度関数は

$$L(\beta,\ \sigma) = \prod_{i=1}^{n} \frac{1}{\sqrt{2\pi}\,\sigma}\, e^{-\frac{(y_i - \beta_0 - \beta_1 x_{1i} - \beta_2 x_{2i} - \cdots - \beta_p x_{pi})^2}{2\sigma^2}} \tag{12.3}$$

となります。この式は複雑で取り扱いにくいので，一般的にはこの尤度関数の自然対数を考えて，次のような形の関数を考えます。

$$\begin{aligned} l(\beta,\ \sigma) \ = \ \sum_{i=1}^{n} \Bigg\{ & -\log(\sqrt{2\pi}\,) - \log\sigma \\ & - \frac{(y_i - \beta_0 - \beta_1 x_{1i} - \beta_2 x_{2i} - \cdots - \beta_p x_{pi})^2}{2\sigma^2} \Bigg\} \end{aligned} \tag{12.4}$$

このとき，$l(\beta,\ \sigma)$ を**対数尤度関数**といいます。対数尤度関数が最大になるときには，尤度関数も最大になりますので，対数尤度関数を最大にするパラメータを求めることで最尤推定量を求めることができます。$l(\beta,\ \sigma)$

の中で，$(\beta_0, \beta_1, \ldots, \beta_p)$ に関連する部分は残差の 2 乗和の部分だけですので，β の最尤推定量は残差平方和を最小とする $(\beta_0, \beta_1, \ldots, \beta_p)$ となります。この推定量は，第 11 章で説明した $(\beta_0, \beta_1, \ldots, \beta_p)$ の推定量と同じものとなります。この推定量を $(\hat{\beta}_0, \hat{\beta}_1, \ldots, \hat{\beta}_p)$ のように表すことにします。一方，分散の最尤推定量は，

$$\hat{\sigma}^2 = \frac{1}{n}\sum_{i=1}^{n}(y_i - \hat{\beta}_0 - \hat{\beta}_1 x_{1i} - \hat{\beta}_2 x_{2i} - \cdots - \hat{\beta}_p x_{pi})^2 \qquad (12.5)$$

となります。第 11 章で考えた推定量は分母が $n-p-1$ でしたので，第 11 章で考えた推定量よりも最尤推定量は小さめの値を推定することになります。

(2)　赤池の情報量規準（AIC）

赤池の情報量規準 AIC (Aakaike's Information Criteria) は

$$\text{AIC} = -2 \times (\text{最大対数尤度}) + 2 \times (\text{モデルの自由パラメータ数})$$

と定義されます。ここで，最大対数尤度は対数尤度関数に最尤推定量を代入したもので，モデルの自由パラメータの数は，仮定した確率モデルに含まれるパラメータの数です。このとき，AIC を最小とするモデルを最も良いモデルと判断しますと，モデルの自由パラメータの数の部分が実は大きな意味をもっていることがわかります。

AIC は，本来真のモデルとデータから推定されたモデルとのズレを評価することからスタートしています。真のモデルとデータから推定されたモデルのズレとしてカルバックライブラー情報量を用います。真のモデルの密度関数を $q(x)$ とし，推定されたモデルの密度関数を $p(x)$ とします。このとき，カルバックライブラー情報量は

$$\int \left\{ \log \frac{q(x)}{p(x)} \right\} q(x)\, dx \tag{12.6}$$

と表されます。そして，このカルバックライブラー情報量を最小にするようなモデル $p(x)$ を最も良いモデルと考えます。カルバックライブラー情報量の積分の中を変形しますと

$$\int \{\log q(x)\} q(x)\, dx - \int \{\log p(x)\} q(x)\, dx \tag{12.7}$$

のように書き換えられます。この第 1 項は真の分布 $q(x)$ だけに依存していますので，すべてのモデルで共通です。そのため，第 2 項だけでモデルを比較することになります。しかし，現実的には真の分布 $q(x)$ はわかりませんので，この積分の値は求められません。ここで，第 2 項は対数尤度関数の期待値とみることができますので，この部分を最大対数尤度を用いて推定することが考えられます。ところが，最大対数尤度はモデルのパラメータの数を増やせば増やすほど大きな値をとり，いつも複雑なモデルを選択してしまうことになります。

これは，最大対数尤度が対数尤度の期待値より大きな値を推定していることが影響しているのです。本来，求める対数尤度の期待値を計算するときは，パラメータの値は真のモデルの値を用いるべきなのですが，最大対数尤度では対数尤度が最も大きくなるようなパラメータを使っているため，大きめの数値になっているのです。これは，分散の推定の際に，データの分散を用いると小さめの分散の推定値になることとよく似た現象なのです。分散の推定を行う際には，標本サイズ n で割るのではなく，$n-1$ で割った不偏分散を用いることで補正を行っていました。AIC では，パラメータの数の 2 倍を加えることで，その補正を行っているのです。AIC の導出方法や，その他の補正の方法については参考文献[1]の小西・北川 (2004) に詳しく書かれていますので，こちらを参考にしてく

ださい。

例 11.2 において，AIC を最小にするモデルを考えてみましょう。2 次関数のモデルを考えたとき，AIC の値は 89.75 となります。1 次関数のモデルでの AIC は 208.95 であり，3 次関数のモデルでは AIC は 91.75 となりますので，2 次関数のモデルを用いたときに AIC が最も小さくなります。3 次関数のモデルで推定されるモデルは，2 次関数のモデルとほとんど違いがありません。そのため，対数尤度の値はほとんど同じとなるのですが，パラメータの数が多い分 AIC の値は大きくなっているのです。このように，AIC を規準として用いることによって，2 次関数のモデルを選択できることになります。

AIC を最適なモデルを選ぶ規準として用いる場合でも，まず最適なモデルの候補を決める必要があります。例 12.1 ではモデルで用いる変数の数が 24 個あり，それらの組み合わせを考えますと可能性のあるモデルの数は非常に多くなります。そのような場合には，ステップワイズ法と同じようなステップで，段階的にモデルをピックアップしていくことが考えられますし，ステップワイズ法を実施する中で見つかる比較的重要と思われるモデルをピックアップして，AIC を規準として比較をすることも考えられます。実際に，例 12.1 で挙げた研究では，ステップワイズ法でモデルを選択していますが，選択したモデルが最も AIC を小さくしていることが注釈として付けられています。

ステップワイズ法を用いる場合には，シンプルなモデルと複雑なモデルを比較していきます。複雑なモデルはシンプルなモデルを特別な場合として含んでおり，シンプルなモデルを帰無仮説として検定を行うわけです。しかし，AIC を用いる場合には，このような検定法を構成する必要はないのです。それぞれのモデルで最大対数尤度を計算しておけば AIC は計算することができます。たとえば，あるデータに対して，正規分布モデルとその他のモデル（たとえば，ガンマ分布モデルなど）でどちらのモデルがデータによく適合しているのかを比較する場合でも，それぞれのモデルで AIC を計算すればよいので，検定を行う必要はありません。そのような意味で，AIC は幅広く適用できる規準となっています。

12.4 クロスバリデーション

モデルを選択する方法の 3 つめとして，クロスバリデーションと呼ばれる方法を紹介します。クロスバリデーションでは，得られたデータをモデルのパラメータを推定するために用いるデータとモデルの良さを評価するデータに分けて考えます。AIC の説明の中でも書きましたが，最尤法を用いると実際のモデルよりもよりデータに近いモデルが選択されます。そのため，パラメータの推定に使ったデータを使って，モデルの良さも評価してしまいますと，モデルの良さを過大評価することになります。そこで，パラメータの推定には用いていないデータを使ってモデルの良さを評価する方法が考え出されました。ここでは，単回帰モデルを使って，その詳しい方法を説明しましょう。

n 個のデータ $(y_i,\ x_i)$ が観測されたとします $(i = 1,\ 2,\ \ldots,\ n)$。この n 個のデータからひとつだけデータを選びます。選んだデータを $(y_\alpha,\ x_\alpha)$ とします。このデータをモデルの評価に用いることにしましょう。残りの $n-1$ 個のデータを使って単回帰式を求め，求めた予測式を $y = a_\alpha x + b_\alpha$ とします。最初に選んだ $(y_\alpha,\ x_\alpha)$ を使って，残差を計算すると，

$$y_\alpha - (a_\alpha x_\alpha + b_\alpha) \tag{12.8}$$

となりますので，この残差を使ってモデルの良さを評価するわけです。

今，$(y_\alpha,\ x_\alpha)$ を取り除いて考えましたが，n 個のデータの中からひとつずつ取り除いた場合について，上のステップを使ってそれぞれ残差を

求めます。その残差の 2 乗和の平均値を求めることで，モデルの良さを評価することができます。

第 10 章で用いた身長と体重のデータに対して，この方法を適用してみましょう。まず，20 個のデータの中から，ひとつめのデータを取り除いて，回帰式を求めます。求めた回帰式は $y = 0.93x - 98.9$ となります。すべてのデータを用いた場合の回帰式は $y = 0.99x - 109$ ですので，回帰式が少し異なることがわかります。次に，取り除いたひとつめのデータを使って，残差を求めます。ひとつめのデータの身長は 161 cm ですので，この身長を用いた場合の体重の予測値は 50.7 kg となります。実際の体重は 40 kg ですので，その差は −10.7 kg となるわけです。これをひとつめのデータだけでなく，20 個のデータに対して，同じように予測値と観測値の残差を考えるわけです。求めた残差の平均値は −0.07 で分散は 89.5 となります。この 89.5 をモデルの良さの尺度と考えるわけです。このように，クロスバリデーションでは，基本的にはデータを繰り返し用いることでモデルを評価しています。統計モデルとしては，体重を身長の 1 次式であることを前提としていますが，誤差の分布のモデルとして明示的に正規分布を仮定することを必要としていません。正規分布以外の誤差の分布を考えても同じ結果となるわけです。その意味では，誤差分布の仮定に依存しないでモデルの選択ができるというメリットがあります。

この章では，モデル選択の方法として，大きく分けて 3 つの方法を紹介しました。これらの手法は，どれも手続き的には複雑ですが，コンピュータを利用することで今ではある程度容易にこれらの方法を用いることができる環境となっています。コンピュータを用いると，途中がブラックボックスになってしまいます。細かな数学的な部分は別としても，それぞれの手法の意味やアイデアはしっかり把握しておき，どの手法を適用したらよいのか，を考えるようにしましょう。

演習問題

【問題 12.1】

ステップワイズ法，情報量規準による方法，クロスバリデーションによる方法の違いを説明しなさい。

参考文献

〔1〕 小西貞則，北川源四郎『情報量規準』朝倉書店，2004

13 ロジスティック回帰分析

《目標＆ポイント》 この章では，目的変数が 2 値データの場合において，回帰分析を拡張したロジスティック回帰分析について説明しています。ロジスティック回帰分析では，目的変数 Y そのものではなく，確率 $P(Y = 1)$ に対してモデル化を行っている点や，解析結果をどのように解釈したらよいのか，ということを中心に理解することが大切です。また，クロス表解析で用いられているオッズ比という指標とロジスティック回帰分析の係数との関係についても理解をしておきましょう。
《キーワード》 ロジット変換，オッズ比，モデルの適合度

13.1 2 値データに対する回帰分析

第 10 章から目的とする変数 Y を他の変数を使って予測する問題を考えてきましたが，その際の Y の値としては連続的なものだけを想定してきました。ところが，実際の現象の中には，結果が連続的な数値として表現できないものもあります。たとえば，ガンの手術を行った後の 5 年間にガンが再発するかどうかを調べる研究や国政選挙などで投票したかどうかを調べる研究のように，結果が 2 値で与えられる場合があります。このような研究において，もしガンが再発する割合や投票率の高さに興味がある場合には，第 4 章で説明した 2 項分布モデルを使って解析することができます。しかし，もっと詳しく，どのような人でガンが再発するのか，あるいはどんな人が投票に行っているのかなど目的の変数を説明するような変数を調べる必要がある場合も考えられるでしょう。そこで，この章ではこのような 2 値のデータを目的変数とするロジスティッ

ク回帰分析を紹介することにします。

まずは，次の数値例から考えましょう。

例 13.1　痛みを和らげる効果のある薬を投与したときに，痛みが緩和されたかどうかを調べる研究を行ったとしましょう。投与量として，1 mg から 5 mg まで 1 mg 間隔のグループを考え，それぞれ 20 人ずつ投与し，1 時間後に痛みが緩和されたかどうかを調べました。その結果を次のように表します。

投与量 (mg)	1	2	3	4	5
緩和された	1	3	10	12	20
痛みあり	19	17	10	8	0

この例では，一人ひとりの結果は，緩和されたのかあるいは痛みがあるのかのどちらかの結果となります。一般的には，痛みが緩和された場合には 1 を痛みがある場合には 0 をとるような変数 Y を準備することになります。この Y を回帰分析のように投与量を用いて予測できるといいのですが，残念ながら Y は 1 または 0 の値しかとらないため，回帰分析のような正規分布を使ったモデル化はできません。ひとつのアイデアは，Y そのものではなく，各投与量ごとの緩和された人の数の割合に対してモデルを適用することが考えられます。たとえば，各用量ごとの緩和された患者の割合を計算して，用量とその割合の散布図を描きますと，図 13.1 のようになります。

このデータに対して，回帰分析を適用すると，

$$(\text{緩和された割合}) = -0.25 + 0.24 \times (\text{用量})$$

という式が求まります。この直線を図 13.1 に実線で描いています。この直線は，用量が 1 のときには緩和された割合が負の値になっています。緩

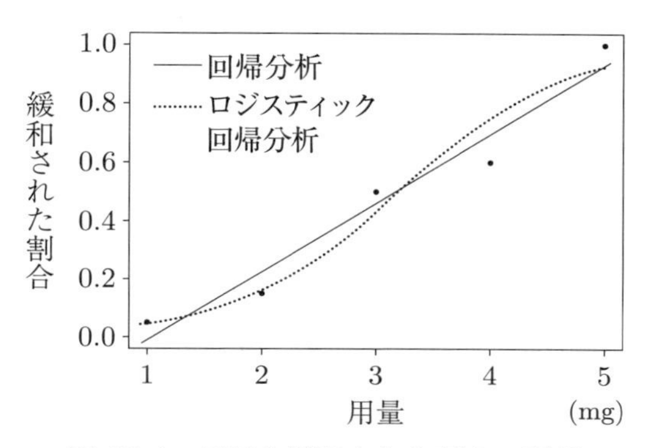

図 13.1　用量と緩和された割合の関係

和された割合は本来 0 以上 1 以下の値しかとらないため，変な予測値となっているわけです。これは，回帰モデルでは連続的な値を想定しているのに対して，割合は 0 以上 1 以下の値しかとらないことが原因と考えられます。そこで，この問題を解決するために割合 p に対して $\log \dfrac{p}{1-p}$ という形の変換を考えてみましょう。この変換を**ロジット変換**といいます。ロジット変換を行うことで，p が 0 から 1 の間を動くとき，ロジット変換された値は実数全体を動くことができます [*1]。このことで，割合を実数全体まで広げることができましたが，もうひとつ考えなければいけないことがあります。それは，例 13.1 のように同じ用量に対して複数の結果が得られることはそれほど多くないということです。回帰分析では，同じ X に対して，複数の Y の値を観測していなくても，さまざまな X の値に対する Y の値を観測することができれば，回帰直線を求めることができました。

そこで，次のようなモデルを考えます。$X_1, X_2, \ldots, X_p$ を与えられ

---

*1　このように，0 以上 1 以下から実数全体へとかえる変換は他にもいろいろ考えられますが，現在ではこのロジット変換が最もよく用いられています。

た変数として，Y の値そのものではなく，$Y=1$ となる確率 $P(Y=1)$ を考え，この確率に対して

$$\log \frac{P(Y=1)}{1-P(Y=1)} = \beta_0 + \beta_1 X_1 + \cdots + \beta_p X_p \tag{13.1}$$

を仮定します。回帰分析のように，正規分布に従う誤差を考えるのではなく，確率そのものが X によって変化すると考えるのです。このモデルを仮定した分析方法をロジスティック回帰分析と呼びます。例 13.1 に対してロジスティック回帰分析で求めた曲線を，図 13.1 に破線で描いていますが，こちらは 0 以上 1 以下の範囲内で変化しており，比較的データにも適合しています。

13.2 パラメータの推定

ロジスティック回帰分析でのパラメータの推定においては，最尤法が用いられます。一般的な場合を考えますと，式が複雑になりますので，ここでは X としてひとつの変数だけを用いる場合について説明することにします。重回帰分析へと拡張した場合と同様に，X として複数の変数を考える場合でも基本的な考え方はほとんど変わりませんので，X がひとつの場合で理解しておけば十分でしょう。

n 個のデータ $(x_1,\ y_1), (x_2,\ y_2), \ldots, (x_n,\ y_n)$ が得られたとしましょう。$X=x_i$ のとき $Y=y_i$ となる確率を考えます。$y_i=1$ のときには，$P(Y=1|X=x_i)$ となりますし，$y_i=0$ のときには，$1-P(Y=1|X=x_i)$ となります。また，式 (13.1) のモデルを仮定しますと

$$P(Y=1|X=x_i) = \frac{e^{\beta_0+\beta_1 x_i}}{1+e^{\beta_0+\beta_1 x_i}} \tag{13.2}$$

であり，

$$P(Y=0|X=x_i) = \frac{1}{1+e^{\beta_0+\beta_1 x_i}} \tag{13.3}$$

となります。この 2 つの式は，次のようにひとつの式でまとめて表現することもできます。

$$P(Y = y_i|X = x_i) = \frac{e^{y_i(\beta_0+\beta_1 x_i)}}{1 + e^{\beta_0+\beta_1 x_i}} \tag{13.4}$$

この関係を用いることによって，対数尤度関数 $\ell(\beta)$ は

$$\ell(\beta) = \sum_{i=1}^{n} \left\{ y_i(\beta_0 + \beta_1 x_i) - \log(1 + e^{\beta_0+\beta_1 x_i}) \right\} \tag{13.5}$$

となります。最尤推定量は，この $\ell(\beta)$ を最大にする (β_0, β_1) を求めればよいのです。しかし，最尤推定量は残念ながらうまく式に表すことができませんので，ニュートン・ラフソン法などの数値計算による方法を用いて計算することになります。コンピュータの力を借りないと最尤推定量を求めることは難しいのです。最尤推定量の求め方やロジスティック回帰分析での最尤推定量の性質等については，参考文献[1]の丹後他 (1996) を参照してください。ここではコンピュータで出力された情報をどう読みとるのか，という点を説明しましょう。例 13.1 のデータに対して，ロジスティック回帰分析を用いた場合には次のような出力が得られます。

	推定値	標準誤差	検定統計量	p 値
β_0	-4.46	0.86	-5.21	$p < 0.001$
β_1	1.39	0.26	5.42	$p < 0.001$

この結果の中の β_0，β_1 の推定値をみることで，

$$\log \frac{P(Y = 1|X = x)}{1 - P(Y = 1|X = x)} = -4.46 + 1.39x$$

いうモデルが推定されていることがわかります。重回帰分析の場合と同

じように，係数 β_1 に関する検定は，検定統計量の値で判断できます [*2]。この例では，p 値が 0.001 より小さくなっていますので，$\beta_1 = 0$ という帰無仮説は棄却されます。よって，用量が増えるにつれて痛みが緩和される確率が増加することが示されています。たとえば，用量が 1 mg を用いた場合の痛みを緩和する確率は

$$P(Y = 1|X = 1) = \frac{e^{-4.46+1.39}}{1 + e^{-4.46+1.39}} = 0.04 \tag{13.6}$$

のように求めることができます。図 13.1 の破線で示した曲線は，この予測式にもとづいて計算しています。

13.3　クロス表解析とロジスティック回帰分析

第 5 章で取り扱った例 5.3 をもう一度考えてみましょう。この例では，職業の有無と育児不安の有無の関係を調べていました。この場合でも，目的とする変数として育児不安を考え，育児不安がある場合に 1，育児不安がない場合には 0 をとる変数を Y とします。これに対して，職業をもっていれば 1，もっていないときには 0 をとる変数を X とします。このとき，ロジスティック回帰分析を用いて Y を X で表現しますと，

$$\log \frac{P(Y = 1)}{1 - P(Y = 1)} = 1.41 - 0.19X \tag{13.7}$$

という予測式を得ることができます。この場合の切片は職業をもたない人の中で育児不安をもっている人ともっていない人の比の対数をとったものとなっています。すなわち，$\log(78/19) = 1.41$ となっています。このように，育児不安をもっている人ともっていない人の比はオッズと呼ばれています。同じように，職業をもっている人の中での育児不安のオッズの対数を考えますと，$\log(51/15) = 1.22$ となります。ロジスティッ

*2　ここでは、推定値を標準誤差で標準化した統計量を用いていますが，この量を 2 乗した検定統計量が用いられることもあります。

ク回帰分析での X の係数は，この 2 つのオッズの対数の差をとったものと等しくなります。すなわち，

$$\log(51/15) - \log(78/19) = 1.22 - 1.41 = -0.19$$

のように求めることができるのです。

2 × 2 表の解析においては，**オッズ比**という指標が用いられることがあります。例 5.3 の 2 × 2 表では，オッズ比は

$$\text{オッズ比} = \frac{51/15}{78/19} = \frac{51 \times 19}{15 \times 78}$$

と定義されています。オッズ比は，2 つの因子が独立であれば 1 であり，職業をもっている方が不安をもちやすい，というような関係があれば 1 よりも大きな値を，職業をもっている方が不安をもちにくい，というような関係があれば 1 より小さい値をとる指標となります。このオッズ比の対数をとったものがロジスティック回帰分析での X の係数となっているのです。このため，一般のロジスティック回帰分析においても，それぞれの変数の係数の部分を対数オッズ比と呼ばれることがあります。

13.4　結果の解釈

それでは，一般のロジスティック回帰分析での係数の解釈を考えてみましょう。式 (13.1) のモデルで，X_1 の係数 β_1 は，X_2, X_3, ..., X_p の値を固定して，X_1 の値を 1 増やしたときの対数オッズの変化を意味しています。たとえば，$X_1 = 0$ の場合と $X_1 = 1$ の場合を比較すると，前節で説明したように対数オッズの差と等しくなります。医学研究では，ある疾病にかかる確率を目的変数として，その要因となるものを X として用いることがよく行われます。たとえば，肺がんにかかる確率の要因として，喫煙を考えたとしましょう。喫煙の有無を X_1 として，年齢や性

別などの喫煙以外に肺がんに影響する因子を X_2 以降の変数として用いることにします。$X_1,\ X_2,\ \ldots,\ X_p$ を与えたときのオッズは

$$\frac{P(Y=1|X_1,\ X_2,\ \ldots,\ X_p)}{P(Y=0|X_1,\ X_2,\ \ldots,\ X_p)} \tag{13.8}$$

となりますが，肺がんにかかる確率はそれほど高くはないわけですので，$P(Y=0|X_1,\ X_2,\ \ldots,\ X_p)=1$ がほぼ成り立ち，オッズは肺がんにかかる確率とほぼ一致します。そのため，X_1 の係数 β_1 に対して，e^{β_1} は喫煙者と非喫煙者の肺がんにかかる確率の比となります。医学研究では「喫煙によって，肺がんのリスクが a 倍になります」というような表現を耳にすることがありますが，この a は多くの場合肺がんに対する喫煙のオッズ比を意味しています。すなわち，上のような表現がとられている場合には，ロジスティック回帰分析の結果が用いられている場合が多いと考えてください。

症例対照研究

医学研究の方法のひとつに**症例対照研究**があります。この研究では，ある疾病を患っている患者さんと健康な人を比較することによって，疾病の原因を探っていきます。たとえば，もし喫煙が疾病の原因であれば，患者さんのグループの方が喫煙者の割合が高くなることが予想されるわけです。この研究では，あらかじめ結果の方が特定されていますので，確率分布モデルを構成することが難しいという面はあるのですが，これまでの研究の結果として，ロジスティック回帰分析を適用できることが明らかになっています。疾病を患う確率 $P(Y=1)$ に対して，式 (13.1) の統計モデルを仮定しますと，定数項である β_0 は推定できないのですが，各変数の影響を表す $\beta_1,\ \beta_2,\ \ldots,\ \beta_p$ については症例対照研究でも推定できるのです。この研究デザインは，結果が先にあって，その原因を過去にさかのぼって調べる方法をとりますので，研究を計画する段階から実際に研究を実施し研究結果を得るまでの時間を短くすることができます。そのため，症例対照研究は医学研究においては重要な研究方法のひとつとなっています。その背後では，この研究方法を支えるための統計的手法の開発が行われており，統計学が大きく貢献しているのです。

13.5　モデルの適合度

さて，ロジスティック回帰分析も重回帰分析と同じように，回帰式が求められたとしても回帰式がデータに適合しているかどうかはわかりません。重回帰分析では残差のプロットや寄与率を用いることでモデルの適合度を表していました。しかし，ロジスティック回帰分析では Y は 0 または 1 の値しかとりませんので，残差プロットでは適合度をうまく表現できません。

例 13.1 では，X としてとり得る値が限られており，それぞれ 20 個ずつのデータが割り当てられていましたので，X の値ごとに，痛みが緩和される割合を求め，その値とモデルで求めた確率とを比較することができました。この方法は直感的でわかりやすいでしょう。ただし，一般的には，このように同じ X の値をもつものはそれほど多くなく，この方法は適用できません。そのため，X で分類するのではなく，ロジスティック回帰分析を使って計算された $P(Y=1)$ を用いて分類する方法があります。たとえば，各データに対して回帰式を用いて $P(Y=1)$ となる値を計算します。そして，この確率を用いてデータを分類するのです。たとえば，10% 区切りとして，10 個のグループに分けることも考えられるでしょう。そして，各グループの中で実際に $Y=1$ であるデータの数を求めます。たとえば，$P(Y=1)$ が約 40% のグループを考えますと，そのグループでの $Y=1$ である割合は 40% に近くなることが期待されます。すなわち，そのグループに入るデータの数を n としますと，このグループでは $0.4n$ 人が $Y=1$ となることが期待されます。このとき，$0.4n$ を期待度数といいます。このように，各グループに入るデータ数を n_k とし，そのグループでの $Y=1$ となる確率を π_k としますと，その期待度数は $E_k=n_k\pi_k$ となります。さらに，実際に $Y=1$ となったデータの数を O_k とし，適合度を測る指標を

$$\sum_{k=1}^{10} \frac{(O_k - E_k)^2}{n_k \pi_k (1 - \pi_k)} \tag{13.9}$$

で表すことにしますと，この指標がある程度小さければ適合度がよいことを示すことになり，自由度 8 のカイ 2 乗分布の上側 5% 点が基準として用いられています。

毎朝，TV ではその日の降水確率が放送されています。降水確率もある種のモデルを使って雨が降るかどうかを確率で表現しているわけです。この降水確率がどれだけ正確かを調べる場合でも，上の方法を用いることができるでしょう。一定の期間，その日の降水確率と実際に降水が記録されたかどうかを調べます。そして，降水確率で分類して，同じ降水確率の日のグループで降水が記録された日数と降水確率から期待される降水の日数を比較すればよいのです。

演習問題

【問題 13.1】

ある疾患の原因を調べるために，1 万人を対象に追跡調査を行いました。そして，年齢と喫煙を使ってロジスティック回帰分析を行ったところ，次のような推定式が得られました。

$$-9.85 + 0.14 \times (\text{年齢}) + 0.9 \times (\text{喫煙の有無})$$

喫煙の有無については，喫煙者を 1，非喫煙者を 0 と考えています。この式が正しいと考えたときに，喫煙者と非喫煙者ではどちらがリスクが高くなるでしょうか。また，喫煙することでリスクは約何倍になると考えられますか。

参考文献

［1］　丹後俊郎・山岡和枝・高木晴良『ロジスティック回帰分析』朝倉書店，1996

14 主成分分析と因子分析

《目標＆ポイント》 この章では，多くの変数をうまく縮約して解釈する手法として，主成分分析と因子分析について説明します。解析方法の詳細については，かなり数学的な内容になりますので，ここでは詳しく取り扱いません。主成分分析と因子分析はよく似た手法ですが，本来の目的に違いがあったり，解析方法に少し違いがみられたりします。まずは，これらの手法を利用することで，どのような分析が可能となるのか，という点をしっかり把握することが大切です。また，この2つの手法を比較しながら，それぞれの特徴を理解するように心がけてください。また，因子分析の発展形として，共分散構造分析についても簡単に触れます。

《キーワード》 主成分，因子，固有値，共分散行列，相関行列，因子数の選択

14.1 主成分分析

主成分分析は，観測された多くの変数の情報をうまく縮約して，より少ない変数で解釈を行うことを目的とした手法です。たとえば，次の例を見てみましょう。

例 14.1 表14.1の左側の表は，ある中学校での期末試験の結果をまとめたものです。データは50人分あるのですが，表には，その中の10人分しか表示していません。このような試験のデータは，それぞれの生徒の成績の特性を表しています。このデータを使って，教科ごとに評価したり，得点の合計を用いてトータルに評価することが一般に行われます。

成績の評価においては，得点の合計が用いられることが多いのですが，

表 14.1　ある中学校の期末試験の成績

数学	理科	国語	英語	社会
33	56	80	71	66
55	71	73	83	81
59	79	75	77	78
52	74	81	78	77
52	74	75	73	75
75	79	50	64	56
89	83	68	76	77
85	86	72	67	79
97	94	70	72	86
86	81	70	64	75

注）ここでは，50 人の成績のうち 10 人分の成績を表示しています。

	数学	理科	国語	英語	社会
平均	68.5	76.4	71.9	72.2	74.6
標準偏差	12.8	8.9	9.8	11.8	11.8
最大値	97	94	91	97	96
最小値	33	51	47	35	28

得点の合計以外にトータルに評価する方法はないでしょうか。主成分分析では，各得点に重みを付けて合計した量を考えます。5 つの教科の得点を X_1，X_2，X_3，X_4，X_5 とし，この 5 つの変数に重みを付けて次のような量を構成します。

$$a_1X_1 + a_2X_2 + a_3X_3 + a_4X_4 + a_5X_5 \tag{14.1}$$

ここで，すべての a の値を 1 にすると得点の合計になります。主成分分析では，できるだけ個人ごとの違いを見つけるために，できるだけバラツキが大きくなるような a の値を考えます。ただし，a の値をすべて大きくしていくと，それだけでバラツキは大きくなりますので，制限を入れるために a の値の 2 乗和を 1 に保ったまま，いろいろな場合を考えて式 (14.1) の分散が最も大きくなる a の値を決めていくのです。表 14.1 を見ますと，5 つの変数のうち最も分散が大きい教科は数学です。しか

し，5 つの変数をうまく組み合わせることで分散をもっと大きくすることができます。具体的には

$$0.64 \times (\text{数学}) + 0.38 \times (\text{理科}) + 0.36 \times (\text{国語}) + 0.54 \times (\text{英語}) + 0.14 \times (\text{社会})$$

のときに分散が最大となり，分散の値は 255.5 となります。この値は数学の分散 162.6 よりかなり大きくなっています。このように，分散を最大とするような重み付きの量を**第 1 主成分**といいます。第 1 主成分の求め方については，かなり数学的な内容を含んでいますので，ここでは詳しく述べることはしません。詳しくは章末で紹介する文献を参照してください。第 1 主成分の係数を見ますと，数学や英語の係数（a の値）が大きく，社会の係数が小さいことがわかるでしょう。これは，社会の成績と他の教科の間の相関が小さいことが影響しています。表 14.2 に 5 つの教科の相関をまとめて表示していますが，社会は他の教科との相関の値が非常に小さいことがわかるでしょう。

表 14.2　5 つの教科の相関係数行列

	数学	理科	国語	英語	社会
数学	1	0.51	0.21	0.31	−0.02
理科		1	0.35	0.29	0.03
国語			1	0.40	0.14
英語				1	0.14
社会					1

さて，ここまでの話では，5 つの変数をひとつの変数にまとめることを考えてきました。しかし，5 つの変数をひとつの変数で表現すると，か

なりの情報のロスがあります。そこで，できるだけ第 1 主成分で表現できていない情報を，もうひとつ変数を追加することでカバーすることにしましょう。そのために，次のような変数を考えます。

$$b_1X_1 + b_2X_2 + b_3X_3 + b_4X_4 + b_5X_5 \tag{14.2}$$

形としては，第 1 主成分の場合と同じでそれぞれの変数の重み付きの合計となっています。ただし，これに第 1 主成分との相関が 0 であるという条件を加えます。そうすると例 14.1 のデータの**第 2 主成分**は

$$\begin{aligned}-0.42 \times (\text{数学}) - 0.13 \times (\text{理科}) + 0.18 \times (\text{国語})\\ + 0.23 \times (\text{英語}) + 0.85 \times (\text{社会})\end{aligned}$$

となります。今度は，社会の係数が最も大きくなっています。 また，数学と理科については係数が負の値になっていますので，社会の成績がよく，数学や理科の成績が悪かった場合に，第 2 主成分は大きくなります。この結果から，この 5 教科の成績では，社会以外のトータルの成績と，社会の成績に区別してみることで，一人ひとりの成績の特徴を捉えることができます。第 1 主成分と第 2 主成分をそれぞれ平均が 0，分散が 1 となるように標準化して散布図を描きますと，図 14.1 のようになります。

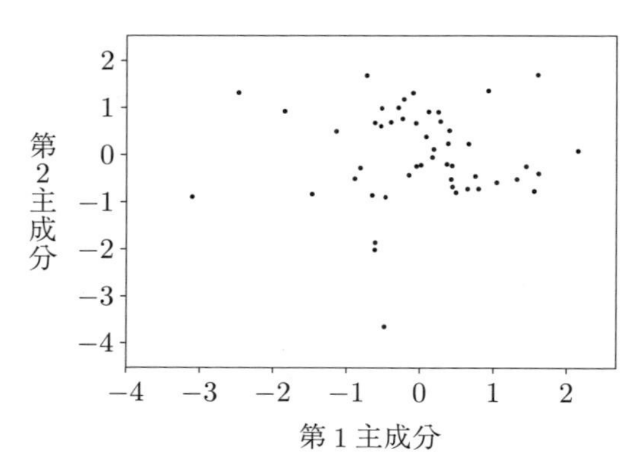

図 14.1　第 1 主成分と第 2 主成分の散布図

この図を見ながら生徒一人ひとりの特徴を把握していくことができるわけです。この図を見ますと，第 1 主成分については，幅広く分布していますが，第 2 主成分については 3 人の生徒がかなり小さい値をとっていることがわかります。

例 14.1 では 5 つの教科はすべて 100 点満点の試験で標準偏差もそれほど大きな違いはありませんでした。

しかし，データによってはそれぞれの変数の分散が大きく異なる場合もあります。その場合には，あらかじめ変数を標準化してから重み付き合計を考えた方がよいでしょう。11.2 節の回帰分析のところでも説明しましたが，それぞれの変数を標準化することで，直接係数を見ることによってその影響の度合いを見ることができるのです。ただし，標準化してから主成分分析を行った場合には，そうでない場合と少し傾向が異なる場合もありますので，その点は注意が必要です。例 14.1 のデータに対して，標準化した後で主成分分析を行いますと，次のような第 1 主成分となります。

$$\begin{aligned}&0.49\times(\text{数学})+0.53\times(\text{理科})+0.47\times(\text{国語})\\&\quad+0.49\times(\text{英語})+0.13\times(\text{社会})\end{aligned}$$

この式を見ますと，全体的な傾向として社会以外の教科を中心に合計を計算している点は変化はありませんが，社会以外の教科の重みはほとんど同じとなっていることがわかります。第 2 主成分については，標準化しない場合とそれほど大きな違いはありません。これは，どの変数ももともと分散の大きさに大きな違いがなかったので，標準化しても大きな変化は起こらなかったものと考えられます。

主成分分析も実際に解析する際には，ソフトウエアに頼らないと難しいと思います。統計ソフトウエアでは標準化しない場合と標準化した場合を使い分けるために，共分散行列を用いるか，相関行列を用いるのか，というオプションが準備されています。共分散行列とは，各変数間の分散や共分散をひとつの行列として表したもので，相関行列は共分散行列において分散の代わりに1を，共分散の代わりに相関係数を用いた行列のことです。主成分分析の計算は基本的に共分散行列を使って計算していくのですが，標準化をしますと，共分散がちょうど相関と等しくなりますので，標準化した場合の主成分分析を行う場合には，相関行列を用いる場合というオプションを選ぶようにしてください。

14.2　固有値と主成分数の選択

例14.1では，5つの変数を第1主成分と第2主成分を使って表現しました。5つの変数を2つの主成分で表現した場合でも，情報のロスは起こります。このとき第1主成分と第2主成分の両方と相関が0となるような主成分を加えることで，主成分を加えていくことはできます。しかし，あまり主成分の数を増やすと，本来の目的である少ない変数で全体を表現することができなくなります。それでは，用いる主成分の数はどのように決定したらよいのでしょうか。この問題は第12章で取り扱ったモデル選択の問題と似ています。この判断は基本的には各主成分の分散によって決定します。ここでは，各主成分の係数の決定方法については詳しく述べていませんが，数学的には共分散行列あるいは相関行列の固有値と固有ベクトルを求める問題となります。このとき，この固有値が主成分の分散と等しくなるのです。そのため，多くのソフトウエアでは，主成分の分散の代わりに固有値という言葉が用いられます。主成分分析では，主成分の数を増やしていくことで情報は確実に増えていきます。そして，元の変数の数と同じ主成分数まで選びますと，すべての情報を

表 14.3　各主成分の固有値と寄与率

共分散行列

主成分	固有値（分散）	寄与率（%）	累積寄与率
第 1	255.5	40.7	40.7
第 2	151.5	24.1	64.9
第 3	105.1	16.7	81.6
第 4	71.0	11.3	92.9
第 5	44.5	7.1	100

相関行列

主成分	固有値（分散）	寄与率（%）	累積寄与率
第 1	2.06	41.2	41.2
第 2	1.08	21.7	62.8
第 3	0.78	15.7	78.5
第 4	0.63	12.6	91.1
第 5	0.44	8.9	100

表現することができます。また，第 1 主成分はたくさんの情報をもっていますが，その後追加していく主成分はだんだんともっている情報が少なくなっていきます。たとえば，例 14.1 では，それぞれの主成分の固有値は表 14.3 のように変化していきます。基本的には，この情報にもとづいて用いる主成分の数を選択します。

主成分数の選択方法にはいくつかの方法がありますが，ここでは 2 つの方法を紹介します。ひとつの方法は，固有値の減少が大きいところで主成分の選択をやめる方法です。図 14.2 を見ますと，例 14.1 では第 2 主成分から第 3 主成分にかけて固有値が約 46 減少しています。第 3 主成分以降の減少幅は 30 程度ですので，第 2 主成分までを選択することが

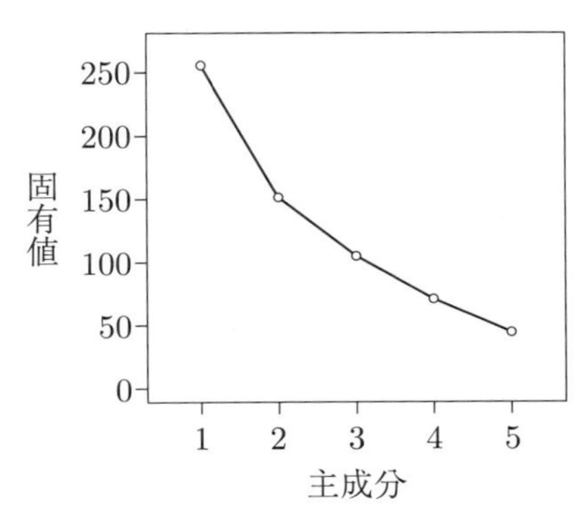

図 14.2　各主成分の固有値

考えられます。もうひとつの方法は，標準化した後での主成分分析で用いられる方法です。この場合には相関行列を用いることになるのですが，表 14.3 で相関行列を用いた場合の固有値をみますと，5 つの変数の固有値の合計が 5 となっていることがわかります。一般的に，相関行列を用いると固有値の合計はちょうど変数の数と等しくなるのです。そのことから，5 つの主成分の固有値の平均が 1 となります。この性質を使って平均値 1 よりも大きな固有値だけを選択するという方法があります。この方法でも例 14.1 では第 2 主成分まで選択するという結果となります。

この他にも主成分数の選択の方法については多くの方法が提案されていますので，詳しくは章末の参考文献を参照してください。

14.3　因子分析

主成分分析とよく似た手法に**因子分析**があります。因子分析では，観測された変数の背景にその元となった変数が存在することを仮定します。この元となる変数のことを**因子**と呼びます。たとえば，例 14.1 では，5 教科の成績に関わるいくつかの能力があり，その能力がそれぞれの成績として観測される，と仮定するわけです。この場合も，観測されている変数の数よりも小さい数の因子を考えます。その意味では，測定結果を少ない因子で表現するという点は主成分分析とよく似ています。主成分分析と因子分析の違いとしては，次の 2 つが考えられます。ひとつめは，主成分分析では主成分は観測された変数の 1 次式で表現されるのですが，因子分析では逆に観測される変数を因子で表現する形になります。図 14.3 と図 14.4 を比較してもわかりますが，主成分分析での観測された変数と主成分の関係と因子分析での観測された変数と因子の間の関係を示す矢印の向きが逆向きになっています。もうひとつの違いは，確率モデルを仮定するかどうか，という点です。主成分分析は基本的に観測された

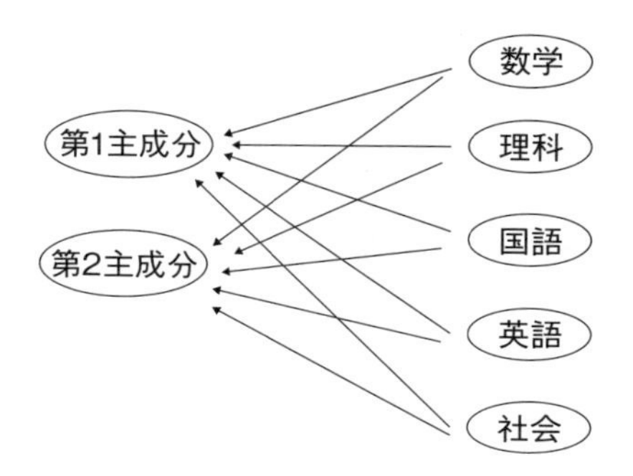

図 14.3　5 つの教科の成績と主成分との関係

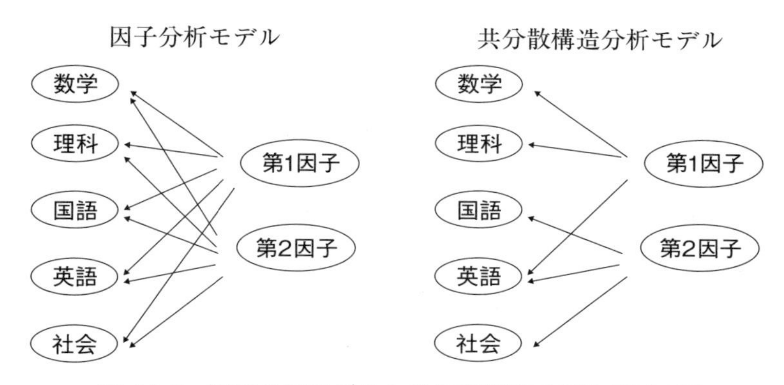

図 14.4　因子分析モデルと共分散構造分析のモデル図

データの分散を表現するだけで主成分を決定できますので，確率モデルを仮定することなく分析を進めることができます。一方，因子分析の場合には，観測される変数に対して，確率モデルを仮定することからスタートします。どのような確率モデルを用いるのか，によって結果が異なってきます。そのため，因子分析にはいろいろな手法が存在するわけです。ソフトウエアによっては，主成分分析も因子分析の一部として表されている場合もあります。

ここでは，ひとつの因子分析のモデルを紹介しましょう。5 つの変数 $X_1, X_2, \ldots, X_5$ が観測されたとしましょう。これらの変数の背景に 2 つの因子 F_1，F_2 が存在すると仮定します。このとき，観測された変数は 2 つの因子と測定誤差によって決まるものと考えます。

すなわち，

$$X_i = \lambda_{1i}F_1 + \lambda_{2i}F_2 + \epsilon_i \tag{14.3}$$

という関係を仮定します。ϵ_i は測定誤差に対応し，独立に平均 0，分散 σ^2 の正規分布であると仮定します。ここで，λ_{1i}，λ_{2i} を**因子負荷量**といい，各因子の影響度を表すものとします。しかし，2 つの因子 F_1，F_2 は観測されていませんので，X_i の情報のみで，λ_{1i}，λ_{2i} を推定することになります。推定の方法には，最小 2 乗法にもとづく方法や最尤法などいくつかの方法が用いられています。詳しい推定法はかなり数学的になりますので，興味のある人は章末の参考文献を参照してください。例として，例 14.1 のデータに対して，最尤法を使って推定を行った場合の因子負荷量を表 14.4 に表し，その意味の説明をしましょう。このデータでは，数学に対して因子 1 の因子負荷量が 1 となり，因子 2 の因子負荷量が 0 ですので，因子 1 は数学と対応していることがわかります。因子 2 については国語に対する因子負荷量が高いため国語への影響の強い因子であることがわかります。このように，因子分析では因子負荷量の値を

表 14.4　因子分析での因子負荷量

	因子 1	因子 2
数学	1	0
理科	0.51	0.32
国語	0.21	0.73
英語	0.31	0.47
社会	−0.02	0.21

見ながら，その因子の意味を解釈していくことによって，観測された結果を分析していくのです。

14.4　共分散構造分析

因子分析の発展形として，共分散構造分析があります。因子分析では，潜在的な因子を想定していましたが，基本的には，それぞれの潜在因子はすべての観測変数に対して影響するものとして，データから因子負荷量を計算していました。共分散構造分析では，データのみで因子を決定するのではなく，分析者がデータの背景にある知識を利用して制限したモデルを考えることができます。たとえば，例 14.1 では第 1 因子は数学，理科，英語に影響を与える因子であり，第 2 因子は国語，英語，社会に影響を与えるものと考えます。そして，このモデルを仮定したときにもっともデータに適合したモデルを探すことになります。この違いを図 14.4 に表しています。共分散構造分析では，ある程度データに対する背景の知識を利用してモデルを立てていますので，モデルの解釈が容易になります。しかし，必ずしもそのモデルがデータに適合しているかどうかはわかりません。そのため，モデルの適合度のチェックが不可欠となります。このあたりの議論もかなり専門的になりますので，章末の参考文献を参照ください。

この章では，主成分分析，因子分析，共分散構造分析という 3 つの手法について，その意味を中心に紹介しました。統計的な手法として，このような手法が存在することを知っておくことが大切です。ただし，実際にこれらの手法を用いるためには，これだけでは不十分です。解析を行う前に，詳しい文献を読むように心掛けましょう。

演習問題

【問題 14.1】

主成分分析と因子分析の違いを 2 つ挙げなさい。

参考文献

- 主成分分析や因子分析についてもう少し詳しく知りたい人向け

  ［1］山口和範・高橋淳一・竹内光悦『よくわかる多変量解析の基本と仕組み』秀和システム，2004

  ［2］松尾太加志・中村知靖『誰も教えてくれなかった因子分析』北大路書房，2002

- 因子分析の理論を勉強したい人向け

  ［3］柳井晴夫ほか『因子分析：その理論と方法』朝倉書店，1990

- 共分散構造分析について詳しく知りたい人向け

  ［4］豊田秀樹『共分散構造分析　入門編』朝倉書店，1990

15 複雑なデータと統計モデル

《目標＆ポイント》 この章では，これまで学習してきた内容を全体的にもう一度振り返ってみます。もう一度，復習するとともに，統計手法の意味合いを他の手法とも関連付けながら，整理してみることが重要です。また，今後ここで学習した統計的手法を具体的なデータに適用する際の注意点についても整理していますので，今後の解析に役立ててください。
《キーワード》 コホート調査，態度の評価

15.1 全体のまとめ

これまで，確率モデルと統計モデルという視点で基本的な統計手法について説明してきました。ここで，全体の概要をまとめておきましょう。

(1) 第1章から第3章

ここでは，現在の統計を取り巻いている状況と統計学を学習することの意義を説明した後，この本で述べる統計的手法の基礎となる確率や確率分布について基本的な内容を説明しました。確率や確率分布については，この本に必要な最小限の内容に限定して扱っています。この他にも，確率に関わる有用な定理や面白い現象もたくさんありますので，もっと進んだ内容に興味のある人は別の機会にぜひ学習してください。

(2) 第4章から第9章

ここでは，統計解析で用いられる確率分布モデルを紹介してきました。第6章まではひとつの章でひとつの確率分布モデルを扱い，確率分布モデルの特徴だけでなく，その確率分布モデルを適用した統計解析手法についても解説してきました。特に，第4章の2項分布モデルでは，信頼区間の基本的な考え方について説明しています。パラメータの推定値は誤差を含んでいるため，推定した値がパラメータと等しいわけではありません。信頼区間は予想されるパラメータの範囲を区間として示す際に用いられる方法でした。また，ある要因の効果の有無を調べる場合に用いられる統計的検定では，データサイズの大きい場合には小さな効果でも統計的に有意となる場合があります。現実的な解釈をするためには，効果の大きさを信頼区間で把握して，本当に意味のある効果が得られているのかをチェックすることも重要です。第5章では多項分布モデルを紹介し，クロス表解析を例に統計的検定の考え方を説明しました。その後の章の内容からわかると思いますが，統計的検定は統計手法のあらゆる場面で登場する考え方です。日常の判断とは多少異なる形の考え方ですので，最初は戸惑いを覚えたかもしれません。ある程度事例を見ていく中で，少しずつ慣れてきているのではないかと考えています。また，正規分布モデルについては第7章から第9章までの3つの章で取り扱いました。正規分布は統計手法の中で最もよく用いられる確率分布モデルです。第8章でも説明しましたが，2項分布モデルやポアソン分布モデルでも，正規分布モデルでの性質を利用した信頼区間の構成や統計的検定が行われています。その意味で，正規分布モデルについて，まずしっかり理解しておくことが大切です。

ここでは，離散的なデータに対して2項分布モデル，多項分布モデル，ポアソン分布モデルを紹介しましたが，このほかにも幾何分布モデルや負の 2 項分布モデルなどのモデルが用いられる場合もあります。また，連続的なデータに対しても正規分布以外に，一様分布モデル，指数分布モデル，ガンマ分布モデルなどの確率分布モデルが考えられます。確率分布モデルを選択する場合には，データが得られる背景や分布の特徴などを把握する必要があります。確率分布モデルを誤って特定しますと，判断に大きな影響を与える恐れがありますので，注意しましょう。ここで取り扱ったモデルが適用できない場合には，積極的にその他のモデルの適用を考えていくことも大切です。また，特定の確率分布モデルを仮定せずに解析するノンパラメトリック法も提案されています。必要に応じて，調べてみるのもよいでしょう。

(3)　第 10 章から第 14 章

ここでは，多変量解析と呼ばれている手法について，そのモデルの意味を中心に簡単に紹介しました。多変量解析では，複数の変数の関係を統計モデルとして表現することを目的としています。たとえば，回帰分析では，連続的な値をとる目的変数を，その他の変数を利用して予測する問題を考えました。このとき，すでに得られている変数の一次式を統計モデルとして考えています。一方，ロジスティック回帰分析では，目的変数が 2 値のデータとなるため，直接一次式で予測することは難しく，その代わりに 2 つの結果のうち一方の結果が起こる確率に焦点を当ててモデル化を行っていました。また，統計モデルを用いる際には，できるだけデータに適合したモデルがよいわけですので，その際のモデル選択が重要となります。このモデル選択の方法について，第 12 章で説明しました。さらに，第 14 章では，観測されていない変数を用いたモデル化の問題を扱っています。複数観測された変数を用いて，潜在的に存在すると思われる変数を見つけていくものです。ここでは主成分分析を中心に概要を説明しましたが，因子分析や共分散構造分析など複雑なモデルの構築も含めて手法の開発がどんどん進んでいる分野でもあります。

これらの解析では，推定量の計算やモデルの選択など手法がかなり複雑になってきますので，コンピュータのソフトウエアの利用が不可欠となるでしょう。統計用のソフトウエアを利用しますと，さまざまな情報が出力され，この出力結果の理解が重要になってきます。そのためには，まず統計解析手法の意味と必要となる情報をはっきりさせ，それをソフトウエアの出力結果から読み取る力が重要です。この部分については，ある程度の経験も必要となってくるでしょう。ここで説明した概要を元に，実際にデータの解析に挑戦することも大切です。

15.2　統計解析事例

ここでは，今後の具体的な統計解析をイメージしてもらうために 2 つの事例を考えてみましょう。

(1)　フラミンガムコホート調査

フラミンガムコホート調査は，冠状動脈性疾患のリスク要因を特定するために 1950 年代から行われている追跡調査です。この調査の結果がさまざまな形で公表されていますが，第 13 章参考文献[1]の丹後ら (1996) でも紹介されている 1967 年の Truett らの報告を見てみましょう。この報告は，12 年間住民を追跡した結果をまとめたもので，冠状動脈性疾患の発症を目的とする変数としています。そのため，目的変数は発症の有無となります。これに対して，年齢，血清コレステロール (mg/100 ml)，収縮期血圧 (mmHg)，相対体重（体重 ÷ 年齢別身長別体重の中央値），ヘモグロビン (g/100 ml)，喫煙（一日当り：0 = never，1 = 1 箱未満，2 = 1 箱，3 = 1 箱より多い)，心電図所見（0：正常，1：なんらかの異常あり）の 7 つのリスク因子が検討されています。この研究では，目的とする変数は 2 値データであり，それを 7 つの因子で説明しようとしているので，基本的にはロジスティック回帰分析を行うこととなります。ただし，ロジスティック回帰分析を行うにしても，それぞれの変数をどのように取り扱うのかを考慮しなければなりません。たとえば，年齢をそのまま統計モデルに組み込むのか，あるいは年齢で層別をして解析を進めるか，というような問題もあるでしょう。ロジスティック回帰分析の場合には，それぞれの因子の一次式を考えるため，直線的に変化する因子以外は工夫が必要です。その意味でも，単にモデルを適用するだけでなく，モデルの適合の良さについても検討を行う必要があるでしょう。

(2)　統計教育に対する態度

次に私たちのグループが取り組んでいる「統計教育に対する態度」の測定を紹介しましょう [*1]。学力というとテストの成績をイメージすることが多いのではないでしょうか。これまでのテストの多くは幅広い知識や計算の能力のように，知識や技能を中心に評価しているものがほとんどでした。これに対して，コンピュータ技術が進んできた 21 世紀において，どのような学力が必要とされるのか，さまざまな議論が行われました。その結果として，単なる知識や技能だけではなく，それを活用する思考力や自ら学ぶ意欲をもつことの重要性が指摘されています。しかし，この思考力や学ぶ意欲をどのように評価するのか，という問題が生じてきます。特に「自ら学ぶ意欲」は抽象的な概念であり，その中にはさまざまな要素が含まれているでしょう。このような抽象的な概念を測定する方法に質問紙調査による方法があります。「統計教育に対する態度」

---

*1　宮崎大学紀要　教育科学第 89 号 21–30 頁

はそのような取り組みのひとつです。この「統計教育に対する態度」は大学の教養教育の統計の授業を対象にして米国で開発された質問紙で，36 個の質問項目から構成されています。たとえば，「私は，統計の課題をすべてやり遂げるつもりである。」，「私は，統計の授業に一生懸命取り組むつもりである。」といった質問項目が 36 個あり，それぞれの項目に対して「強く否定する」から「強く同意する」までを 7 段階に分けて最もあてはまる気持ちを答えることになっています。このような質問紙調査では，36 項目の質問項目がひとつの概念を測定しているのか，あるいはその概念の中にはいくつかの部分概念が存在しているのか，などの検討が行われます。「統計教育に対する態度」については，第 14 章で紹介した因子分析を用いるなどして，「感情」「認知コンピテンシー」「価値」「困難性」「興味」「努力」の 6 つの部分概念が出されており，それぞれの概念に関連する質問紙の回答の合計を考えることで，それぞれの部分概念を測定する方法がすでに用いられています。このように，抽象的な概念を数値化する際にも統計的な手法が用いられているわけです。さらに，このような概念の測定方法が決まりますと，それを利用していろいろな研究を進めることができるようになります。実は，この「統計教育に対する態度」は大学の講義を受ける前に回答してもらう質問紙と半年間の講義が終わった後に回答してもらう質問紙が準備されており，講義の前後で学生の態度がどのように変化するかを調べることができるように準備されています。また，所属する専攻や得意な科目などの学生の特性と態度との関係を分析することもできます。この場合は，測定された尺度に対して正規分布モデルを仮定して分析したり，回帰分析を用いたりすることもあります。その結果を利用することで，大学での授業の改善や評価に活用することも考えられます。また，このような解析を行うには，研究の目的を明確にし，どのような調査を実施するのか，という点が重要になってきます。測定した項目によって得られる結果はほぼ決まってきます。後から統計解析手法を工夫すればどうにかなるものではありません。逆にどのような解析を行うのかを想定したうえで，どのようなデータを収集したらよいのかを考える必要があるのです。実際に調査を実施する場合には，関連する研究を調べるなどして，最終的な分析のイメージをもって調査を計画するように心掛けましょう。

15.3　統計解析を行う際の注意点

最後に，実際に統計解析を行う際の注意点を挙げておきましょう。

1. 解析目的の明確化

   15.2 節でも説明しましたが統計解析を行う場合，あるいは可能であれば統計調査を計画する段階で，解析の目的を明確化することが大切です。時折，調査結果のまとめとして，それぞれの変数の平均や標準偏差のみを提示していたり，さまざまなクロス集計だけが行われているものがあります。国勢調査や政府の統計のように，全体の分布を表すことに興味がある場合はそれでもよいのですが，お金と時間をかけて統計調査や統計解析を行うからには，明確な目的が必要です。また，調査を計画する段階であれば，調査の目的を達成できるように調査問題ができているのか，あるいは調査対象者が目的にあっているのか，などの検討を行うことも可能となるでしょう。

2. データの収集方法の確認

   データの収集方法は，解析結果に大きく影響を与える要因です。調査の対象者の選定の方法や調査の実施方法などは，解析を行う前にしっかり確認しておくことが必要です。また，データの収集方法によっては，データを統合したり，逆にグループ分けするなど，解析の方法にも影響が生じることもあります。特に別々に行われた調査を比較する場合には同じような形で測定されているかを確認しておきましょう。

3. 統計手法の選択

ここでは，さまざまな統計手法を取り扱いました。実際の解析では，これらのすべてを用いるわけではありません。解析の目的に合わせて，適切な統計手法を選択することができればよいのです。そのためにも，もう一度それぞれの統計手法の特徴をしっかり復習し，どういう場面でその手法を適用したらよいのかを，再確認してください。もちろん，さまざまな研究論文や調査報告書などを読みながら，どのような統計的手法が用いられているのか，なぜその手法が用いられたのかを，調べてみることも有効でしょう。

4. 解析経験者や専門家との協働を

この本で説明した内容だけでは，統計解析を実際に行うには不十分な点も多くあります。具体的な手法を決定した段階で，もう一度その手法の意味を学習しなおす必要があるでしょう。その際には，統計解析の経験者や統計の専門家と協働して解析を実施することが望ましいでしょう。

よく，コンピュータの扱い方を覚えるには，いろいろな本を見るよりも身近にコンピュータに詳しい人がいる方が便利であると言われています。これと同じことが統計解析に関しても言うことができます。統計解析は，分野によって，解析の目的やデータの種類が大きく異なります。そのため，数多くの統計手法が提案されています。しかし，これらすべてをマスターする必要はありません。自分の解析の目的にあった統計手法が選択でき，それをうまく適用できればよいのです。その意味では，身近に解析の経験のある人や統計を専門とする人がいれば，できるだけその人たちとディスカッションしてみるのが，統計を学習する近道となるでしょう。

残念ながら，日本には統計の専門家と呼ばれる人がまだまだ少ないという実態があります。専門家を養成する大学や研究機関が少なかったのですが，少しずつ増えてきています。これは統計に対するニーズが高まっていることを意味しています。もし，統計学に興味があれば，ぜひ統計を専門的に学習して専門家を目指してみてはどうでしょうか。

演習問題 の略解

【問題 2.1】

合計 52 枚のカードがあるので，その中から 1 枚を選ぶ選び方は 52 通りある。このうちスペードのカードは 13 枚あるので事象 A の個数は 13 である。よって事象 A の確率 $P(A) = \frac{13}{52} = \frac{1}{4}$ である。また，9 以下のカードは $9 \times 4 = 36$ 枚あるので，事象 B の確率 $P(B)$ は $\frac{36}{52} = \frac{9}{13}$ である。

【問題 2.2】

各要素をオモテが出た回数で表すと，$A_1 = \{0, 2, 4\}$，$A_2 = \{0, 1, 2\}$，$A_3 = \{3\}$ となり，A_1 と A_3 の組み合わせと，A_2 と A_3 の組み合わせは排反である。

【問題 2.3】

押しピンが上を向く場合を up，それ以外の場合を down と表す。起こり得る結果は，(up, up)，(up, down)，(down, up)，(down, down) の 4 通りで，それぞれが起こる確率はそれぞれ 0.36，0.24，0.24，0.16 である。

【問題 2.4】

「同じ種類のカードがある」という事象の余事象は，「すべて異なるカードである」という事象である。この余事象の確率は，条件付き確率を用いて，

$$1 \times \frac{39}{51} \times \frac{26}{50} = \frac{1014}{2550}$$

となる。よって求める確率は，$\frac{1536}{2550} = 0.602$ となる。

【問題 2.5】

$P(A)P(B)=0.24$ であり，$P(A\cap B)$ の値とは異なるため，A と B は独立ではない。また，$P(A|B)=P(A\cap B)/P(B)=0.6$ である。

【問題 3.1】

$$\begin{aligned}P(2<X\leq 6)&=P(X\leq 6)-P(X\leq 2)\\&=F(6)-F(2)\end{aligned}$$

【問題 3.2】

$$E(X)=1\times\frac{8}{15}+2\times\frac{6}{15}=\frac{4}{3}=1.33$$

$$\begin{aligned}V(X)&=\left(0-\frac{4}{3}\right)^2\times\frac{1}{15}+\left(1-\frac{4}{3}\right)^2\times\frac{8}{15}+\left(2-\frac{4}{3}\right)^2\times\frac{6}{15}\\&=\frac{16}{45}=0.356\end{aligned}$$

【問題 3.3】

$$E(Y)=\frac{E(X)-50}{10}=0,\ \ V(Y)=\frac{1}{100}\times V(X)=1$$

【問題 4.1】

$$\binom{5}{2}\times 0.3^2\times(1-0.3)^3=0.3087$$

【問題 4.2】

$$E(X)=10\times 0.3=3,\ \ V(X)=10\times 0.3\times(1-0.3)=2.1$$

【問題 4.3】

$n=1051$，$X=557$ より

$$信頼区間の下限=\frac{557}{1051}-\frac{2}{1051}\sqrt{\frac{557\times(1051-557)}{1051}}=0.499$$

$$信頼区間の上限=\frac{557}{1051}+\frac{2}{1051}\sqrt{\frac{557\times(1051-557)}{1051}}=0.561$$

【問題 5.1】

職業があり育児不安がある母親の数を X とすると $X=51$ となる。こ

の X の周辺分布は $n = 163$ の 2 項分布となるので 4.3 節の割合の信頼区間を用いると

$$\text{信頼区間の下限} = \frac{51}{163} - \frac{2}{163}\sqrt{\frac{51 \times 112}{163}} = 0.240$$

$$\text{信頼区間の上限} = \frac{51}{163} + \frac{2}{163}\sqrt{\frac{51 \times 112}{163}} = 0.386$$

【問題 5.2】

自由度 1 のカイ 2 乗分布の上側 5% 点は 3.84 であり，ここでのカイ 2 乗統計量の値はそれよりも小さい。よって，有意水準 5% で，出身市と県内就職希望の間には関連があるとは言えない。

【問題 6.1】

平均件数は 4.6 件，データのサイズは 15 であるから，

$$\text{信頼区間の下限は，}4.6 - 2\sqrt{\frac{4.6}{15}} = 3.49$$

$$\text{信頼区間の上限は，}4.6 + 2\sqrt{\frac{4.6}{15}} = 5.71$$

【問題 6.2】

発生件数の平均は 4.6，分散の推定量は約 4.54 である。

散布度の統計量は約 13.8 で $\chi_{(14)}(0.975) = 5.63$，$\chi_{(14)}(0.025) = 26.12$ であるから，ポアソン分布であるという帰無仮説は棄却できない。

【問題 6.3】

平均件数：4.125，分散の推定量：3.268，データのサイズは 8 である。よって，発生件数の 95% 信頼区間は，2.69 件以上 5.56 件以下となる。

また，散布度の統計量は約 5.55 で，自由度 7 のカイ 2 乗分布の上側 2.5% 点は 16.01 であり，下側 2.5% 点は 1.69 であるから，統計量はこの間にある。よって，有意水準 5% で「ポアソン分布である」という帰無仮説は棄却できない，という結論になる。

【問題 7.1】

7.2 節の正規分布の性質を用いると，$2X$ は平均 2μ，分散 $4\sigma^2$ の正規分布，$X+3$ は平均 $\mu+3$，分散 σ^2 の正規分布，$3X-2$ は平均 $3\mu-2$，分散 $9\sigma^2$ の正規分布に従う。

【問題 7.2】

X を標準化するには，平均 170 を引いて，分散のルートである 5 で割ればよいので

$$Y = \frac{X-170}{5}$$

となる。

【問題 7.3】

「吊り鐘型をしたデータが比較的多いから。」「数学的によい性質をもっているから。」など。

【問題 7.4】

A，C，D

【問題 7.5】

平均：1.467　　標準偏差：0.067

【問題 7.6】

154 cm 以上の生徒の割合：約 16%

161 cm 以上の生徒の割合：約 2.5%

【問題 8.1】

$\bar{X}$ の分布は平均 50，分散 10 の正規分布となる。

【問題 8.2】

自由度 29 の t 分布の上側 2.5% 点 $t_{29}(0.025)$ は，2.05 であるから μ の 95% 信頼区間は

$$71.4 - 2.05\sqrt{\frac{100.98}{30}} \leq \mu \leq 71.4 + 2.05\sqrt{\frac{100.98}{30}}$$

であり計算すると $67.64 \leq \mu \leq 75.16$ となる。

【問題 8.3】

$\bar{X}$ の分布は，平均 20，分散 10 の正規分布となる。

【問題 8.4】

統計量の絶対値が，自由度 9 の t 分布の上側 2.5% 点 2.26 よりも大きいので，平均は 0 とは異なる。このとき，有意水準 5% で収縮期血圧は減少したことが示される。

【問題 9.1】

サッカー部の平均は 7.00，分散は 0.202，一方陸上部の平均は 7.23，分散は 0.147 であることから統計量の値は −1.215 となる。有意水準 5% の両側検定の棄却域は絶対値が 2.1 よりも大きい場合であるから，サッカー部と陸上部で平均に違いがあるとは言えない。

【問題 9.2】

統計量 F の値は 7.73 である。自由度 2，57 の F 分布の上側 5% 点は約 3.16 であるから，有意水準 5% で帰無仮説は棄却でき，A，B，C の間の心拍数の平均に違いがあると言える。

【問題 9.3】

もし，すべての群の平均が等しいと仮定したときに，有意水準を 5% として t 検定を繰り返すと，ひとつ以上の検定で有意となる確率は 5% よりも大きくなってしまう，という問題が起こる。

【問題 10.1】

1) 回帰分析で求めるのは平均的な体重であるから，その人の値が予測値と完全に一致するわけではない。

2) 寄与率は大きいほど，直線のあてはまりがよい。

【問題 10.2】

ある程度大人になると，身長はほとんど変化しなくなり，体重の変化によって，身長が予測できるようなものではないから。

【問題 11.1】

3

【問題 12.1】

省略

【問題 13.1】

喫煙の係数は 0.9 である。この値は正の値をとっているので，喫煙者の方がリスクは高くなっている。また，オッズ比は $e^{0.9} = 2.46$ であるから，喫煙によってリスクは約 2.5 倍となると考えられる。（この場合，対象としている疾患にかかる人の割合は小さいことが前提である）

【問題 14.1】

主成分分析と因子分析の違いとしては，主成分分析では観測された変量で主成分を表しているのに対して，因子分析では，因子を使って観測された変量を表している。この向きが反対となっている。また，因子分析では確率分布モデルが必要である点などが異なる。

付表

付表 1　標準正規分布の分布関数

	0.00	0.01	0.02	0.03	0.04
0.0	0.500	0.504	0.508	0.512	0.516
0.1	0.540	0.544	0.548	0.552	0.556
0.2	0.579	0.583	0.587	0.591	0.595
0.3	0.618	0.622	0.626	0.629	0.633
0.4	0.655	0.659	0.663	0.666	0.670
0.5	0.692	0.695	0.699	0.702	0.705
0.6	0.726	0.729	0.732	0.736	0.739
0.7	0.758	0.761	0.764	0.767	0.770
0.8	0.788	0.791	0.794	0.797	0.800
0.9	0.816	0.819	0.821	0.824	0.826
1.0	0.841	0.844	0.846	0.849	0.851
1.1	0.864	0.867	0.869	0.871	0.873
1.2	0.885	0.887	0.889	0.891	0.893
1.3	0.903	0.905	0.907	0.908	0.910
1.4	0.919	0.921	0.922	0.924	0.925
1.5	0.933	0.935	0.936	0.937	0.938
1.6	0.945	0.946	0.947	0.948	0.950
1.7	0.955	0.956	0.957	0.958	0.959
1.8	0.964	0.965	0.966	0.966	0.967
1.9	0.971	0.972	0.973	0.973	0.974
2.0	0.977	0.978	0.978	0.979	0.979
2.1	0.982	0.983	0.983	0.983	0.984
2.2	0.986	0.986	0.987	0.987	0.988
2.3	0.989	0.990	0.990	0.990	0.990
2.4	0.992	0.992	0.992	0.993	0.993
2.5	0.994	0.994	0.994	0.994	0.995
2.6	0.995	0.996	0.996	0.996	0.996
2.7	0.997	0.997	0.997	0.997	0.997
2.8	0.997	0.998	0.998	0.998	0.998
2.9	0.998	0.998	0.998	0.998	0.998
3.0	0.999	0.999	0.999	0.999	0.999
3.1	0.999	0.999	0.999	0.999	0.999
3.2	0.999	0.999	0.999	0.999	0.999
3.3	1.000	1.000	1.000	1.000	1.000
3.4	1.000	1.000	1.000	1.000	1.000
3.5	1.000	1.000	1.000	1.000	1.000
3.6	1.000	1.000	1.000	1.000	1.000
3.7	1.000	1.000	1.000	1.000	1.000
3.8	1.000	1.000	1.000	1.000	1.000
3.9	1.000	1.000	1.000	1.000	1.000
4.0	1.000	1.000	1.000	1.000	1.000

統計解析システム R の関数 pnorm を用いて，標準正規分布で $\alpha + \beta$ 以下の

0.05	0.06	0.07	0.08	0.09
0.520	0.524	0.528	0.532	0.536
0.560	0.564	0.568	0.571	0.575
0.599	0.603	0.606	0.610	0.614
0.637	0.641	0.644	0.648	0.652
0.674	0.677	0.681	0.684	0.688
0.709	0.712	0.716	0.719	0.722
0.742	0.745	0.749	0.752	0.755
0.773	0.776	0.779	0.782	0.785
0.802	0.805	0.808	0.811	0.813
0.829	0.832	0.834	0.837	0.839
0.853	0.855	0.858	0.860	0.862
0.875	0.877	0.879	0.881	0.883
0.894	0.896	0.898	0.900	0.902
0.912	0.913	0.915	0.916	0.918
0.927	0.928	0.929	0.931	0.932
0.939	0.941	0.942	0.943	0.944
0.951	0.952	0.953	0.954	0.955
0.960	0.961	0.962	0.963	0.963
0.968	0.969	0.969	0.970	0.971
0.974	0.975	0.976	0.976	0.977
0.980	0.980	0.981	0.981	0.982
0.984	0.985	0.985	0.985	0.986
0.988	0.988	0.988	0.989	0.989
0.991	0.991	0.991	0.991	0.992
0.993	0.993	0.993	0.993	0.994
0.995	0.995	0.995	0.995	0.995
0.996	0.996	0.996	0.996	0.996
0.997	0.997	0.997	0.997	0.997
0.998	0.998	0.998	0.998	0.998
0.998	0.999	0.999	0.999	0.999
0.999	0.999	0.999	0.999	0.999
0.999	0.999	0.999	0.999	0.999
0.999	0.999	1.000	1.000	1.000
1.000	1.000	1.000	1.000	1.000
1.000	1.000	1.000	1.000	1.000
1.000	1.000	1.000	1.000	1.000
1.000	1.000	1.000	1.000	1.000
1.000	1.000	1.000	1.000	1.000
1.000	1.000	1.000	1.000	1.000
1.000	1.000	1.000	1.000	1.000
1.000	1.000	1.000	1.000	1.000

値が出る確率を求めた。

付表2　自由度 n の t 分布の上側パーセント点

n	0.1	0.05	0.025	0.01	0.005
1	3.08	6.31	12.71	31.82	63.66
2	1.89	2.92	4.30	6.97	9.93
3	1.64	2.35	3.18	4.54	5.84
4	1.53	2.13	2.78	3.75	4.60
5	1.48	2.02	2.57	3.37	4.03
6	1.44	1.94	2.45	3.14	3.71
7	1.42	1.90	2.37	3.00	3.50
8	1.40	1.86	2.31	2.90	3.36
9	1.38	1.83	2.26	2.82	3.25
10	1.37	1.81	2.23	2.76	3.17
11	1.36	1.80	2.20	2.72	3.11
12	1.36	1.78	2.18	2.68	3.06
13	1.35	1.77	2.16	2.65	3.01
14	1.35	1.76	2.15	2.62	2.98
15	1.34	1.75	2.13	2.60	2.95
16	1.34	1.75	2.12	2.58	2.92
17	1.33	1.74	2.11	2.57	2.90
18	1.33	1.73	2.10	2.55	2.88
19	1.33	1.73	2.09	2.54	2.86
20	1.33	1.73	2.09	2.53	2.85
21	1.32	1.72	2.08	2.52	2.83
22	1.32	1.72	2.07	2.51	2.82
23	1.32	1.71	2.07	2.50	2.81
24	1.32	1.71	2.06	2.49	2.80
25	1.32	1.71	2.06	2.49	2.79
26	1.32	1.71	2.06	2.48	2.78
27	1.31	1.70	2.05	2.47	2.77
28	1.31	1.70	2.05	2.47	2.76
29	1.31	1.70	2.05	2.46	2.76
30	1.31	1.70	2.04	2.46	2.75
40	1.30	1.68	2.02	2.42	2.70
60	1.30	1.67	2.00	2.39	2.66
120	1.29	1.66	1.98	2.36	2.62

統計解析システム R の関数 qt を用いて，自由度 n の t 分布で x 以上の値が出る確率が α となるような x の値を求めた。

付表3　自由度 n のカイ2乗分布の上側パーセント点

n	0.995	0.99	0.975	0.95	0.05	0.025	0.01	0.005
1	0.00	0.00	0.00	0.00	3.84	5.02	6.64	7.88
2	0.01	0.02	0.05	0.10	5.99	7.38	9.21	10.60
3	0.07	0.12	0.22	0.35	7.82	9.35	11.35	12.84
4	0.21	0.30	0.48	0.71	9.49	11.14	13.28	14.86
5	0.41	0.55	0.83	1.15	11.07	12.83	15.09	16.75
6	0.68	0.87	1.24	1.64	12.59	14.45	16.81	18.55
7	0.99	1.24	1.69	2.17	14.07	16.01	18.48	20.28
8	1.34	1.65	2.18	2.73	15.51	17.54	20.09	21.96
9	1.74	2.09	2.70	3.33	16.92	19.02	21.67	23.59
10	2.16	2.56	3.25	3.94	18.31	20.48	23.21	25.19
11	2.60	3.05	3.82	4.58	19.68	21.92	24.73	26.76
12	3.07	3.57	4.40	5.23	21.03	23.34	26.22	28.30
13	3.57	4.11	5.01	5.89	22.36	24.74	27.69	29.82
14	4.08	4.66	5.63	6.57	23.69	26.12	29.14	31.32
15	4.60	5.23	6.26	7.26	25.00	27.49	30.58	32.80
16	5.14	5.81	6.91	7.96	26.30	28.85	32.00	34.27
17	5.70	6.41	7.56	8.67	27.59	30.19	33.41	35.72
18	6.27	7.02	8.23	9.39	28.87	31.53	34.81	37.16
19	6.84	7.63	8.91	10.12	30.14	32.85	36.19	38.58
20	7.43	8.26	9.59	10.85	31.41	34.17	37.57	40.00
21	8.03	8.90	10.28	11.59	32.67	35.48	38.93	41.40
22	8.64	9.54	10.98	12.34	33.92	36.78	40.29	42.80
23	9.26	10.20	11.69	13.09	35.17	38.08	41.64	44.18
24	9.89	10.86	12.40	13.85	36.42	39.36	42.98	45.56
25	10.52	11.52	13.12	14.61	37.65	40.65	44.31	46.93
26	11.16	12.20	13.84	15.38	38.89	41.92	45.64	48.29
27	11.81	12.88	14.57	16.15	40.11	43.20	46.96	49.65
28	12.46	13.57	15.31	16.93	41.34	44.46	48.28	50.99
29	13.12	14.26	16.05	17.71	42.56	45.72	49.59	52.34
30	13.79	14.95	16.79	18.49	43.77	46.98	50.89	53.67
40	20.71	22.16	24.43	26.51	55.76	59.34	63.69	66.77
60	35.53	37.49	40.48	43.19	79.08	83.30	88.38	91.95
120	83.85	86.92	91.57	95.71	146.57	152.21	158.95	163.65

統計解析システム R の関数 qchisq を用いて，自由度 n のカイ2乗分布で x 以上の値が出る確率が α となるような x の値を求めた。

付表4　自由度 (n, m) の F 分布の上側5%点

m \ n	1	2	3	4	5
1	161.45	199.50	215.71	224.58	230.16
2	18.51	19.00	19.16	19.25	19.30
3	10.13	9.55	9.28	9.12	9.01
4	7.71	6.94	6.59	6.39	6.26
5	6.61	5.79	5.41	5.19	5.05
6	5.99	5.14	4.76	4.53	4.39
7	5.59	4.74	4.35	4.12	3.97
8	5.32	4.46	4.07	3.84	3.69
9	5.12	4.26	3.86	3.63	3.48
10	4.97	4.10	3.71	3.48	3.33
11	4.84	3.98	3.59	3.36	3.20
12	4.75	3.89	3.49	3.26	3.11
13	4.67	3.81	3.41	3.18	3.03
14	4.60	3.74	3.34	3.11	2.96
15	4.54	3.68	3.29	3.06	2.90
16	4.49	3.63	3.24	3.01	2.85
17	4.45	3.59	3.20	2.97	2.81
18	4.41	3.56	3.16	2.93	2.77
19	4.38	3.52	3.13	2.90	2.74
20	4.35	3.49	3.10	2.87	2.71
21	4.33	3.47	3.07	2.84	2.69
22	4.30	3.44	3.05	2.82	2.66
23	4.28	3.42	3.03	2.80	2.64
24	4.26	3.40	3.01	2.78	2.62
25	4.24	3.39	2.99	2.76	2.60
26	4.23	3.37	2.98	2.74	2.59
27	4.21	3.35	2.96	2.73	2.57
28	4.20	3.34	2.95	2.71	2.56
29	4.18	3.33	2.93	2.70	2.55
30	4.17	3.32	2.92	2.69	2.53
40	4.09	3.23	2.84	2.61	2.45
60	4.00	3.15	2.76	2.53	2.37
120	3.92	3.07	2.68	2.45	2.29

統計解析システム R の関数 qf を用いて，自由度 (n, m) の F 分布で x 以上の値が出る確率が 0.05 となるような x の値を求めた。

6	7	8	9	10
233.99	236.77	238.88	240.54	241.88
19.33	19.35	19.37	19.39	19.40
8.94	8.89	8.85	8.81	8.79
6.16	6.09	6.04	6.00	5.96
4.95	4.88	4.82	4.77	4.74
4.28	4.21	4.15	4.10	4.06
3.87	3.79	3.73	3.68	3.64
3.58	3.50	3.44	3.39	3.35
3.37	3.29	3.23	3.18	3.14
3.22	3.14	3.07	3.02	2.98
3.10	3.01	2.95	2.90	2.85
3.00	2.91	2.85	2.80	2.75
2.92	2.83	2.77	2.71	2.67
2.85	2.76	2.70	2.65	2.60
2.79	2.71	2.64	2.59	2.54
2.74	2.66	2.59	2.54	2.49
2.70	2.61	2.55	2.49	2.45
2.66	2.58	2.51	2.46	2.41
2.63	2.54	2.48	2.42	2.38
2.60	2.51	2.45	2.39	2.35
2.57	2.49	2.42	2.37	2.32
2.55	2.46	2.40	2.34	2.30
2.53	2.44	2.38	2.32	2.28
2.51	2.42	2.36	2.30	2.26
2.49	2.41	2.34	2.28	2.24
2.47	2.39	2.32	2.27	2.22
2.46	2.37	2.31	2.25	2.20
2.45	2.36	2.29	2.24	2.19
2.43	2.35	2.28	2.22	2.18
2.42	2.33	2.27	2.21	2.17
2.34	2.25	2.18	2.12	2.08
2.25	2.17	2.10	2.04	1.99
2.18	2.09	2.02	1.96	1.91

索 引

●配列は五十音順

●た　行

●な　行

●は　行

●ま　行

●や　行

●ら　行

●わ　行

著者紹介

藤井　良宜（ふじい・よしのり）

1964 年	宮崎県に生まれる
1986 年	九州大学理学部数学科卒業
1988 年	九州大学大学院理学研究科修士課程修了
現在	宮崎大学教育学部教授・博士（理学）
専攻	生物統計学，統計教育
主な著書	統計科学の最前線（共著，九州大学出版会）
	カテゴリカルデータ解析（単著，共立出版）
	医療系のための統計入門（共著，実教出版）

放送大学教材　1562959-1-1911（ラジオ）

三訂版　統計学

発　行　　2019 年 3 月 20 日　第 1 刷
　　　　　2024 年 1 月 20 日　第 3 刷
著　者　　藤井良宜
発行所　　一般財団法人　放送大学教育振興会
　　　　　〒105-0001　東京都港区虎ノ門 1-14-1　郵政福祉琴平ビル
　　　　　電話　03（3502）2750

市販用は放送大学教材と同じ内容です。定価はカバーに表示してあります。
落丁本・乱丁本はお取り替えいたします。

Printed in Japan　ISBN978-4-595-31964-8　C1341